W0269401

Der „Jupiter", zur Abfahrt bereit.

Viertausend Kilometer im Ballon

von

Herbert Silberer

Mit 28 photographischen Aufnahmen vom Ballon aus

Springer-Verlag Berlin Heidelberg GmbH

ISBN 978-3-662-22815-9   ISBN 978-3-662-24748-8 (eBook)
DOI 10.1007/978-3-662-24748-8

Vorwort.

Der moderne sogenannte „Kulturmensch" hat sich an so manches gewöhnt. Die einander überhastenden Fortschritte auf wissenschaftlichen und technischen Gebieten, die staunenswerten Erfindungen, die einander in einem fort jagen, sie haben ihn dahin gebracht, daß er kaum von etwas mehr überrascht wird. Taucht eine neue, unerhörte Erfindung auf, flugs wird sie den Zwecken der Menschen dienstbar gemacht und reiht sich so in das allgemeine Weltgetriebe ein, als ob sie schon immer da gewesen wäre. Nach kurzer Zeit spricht man darüber kaum mehr als das, was sich eben durch den Gebrauch ergibt. Rasch ist das Unerhörte, Absonderliche alltäglich, selbstverständlich geworden. Es wäre ein Wunder, wenn man die Luftschiffahrt nicht auch nachgerade als etwas „Selbstverständliches" ansehen würde. Allein so ganz gewöhnt hat man sich doch noch nicht daran. Die Allgemeinheit fühlt sich noch nicht so recht heimisch auf diesem Gebiete. Es ist noch nichts „Abgetanes". Wohl deshalb, weil die Luftschiffahrt im Vergleich mit vielen anderen technischen Errungenschaften eine sehr spröde Dame ist. Sie hat dem Willen des Menschen noch nicht nachgegeben — sie stellt Probleme, die erst gelöst werden müssen, bevor sie sich ergibt und eingefügt werden kann in das gewöhnliche Treiben. Vorläufig nimmt sie noch eine Sonderstellung ein. Schon in ihrem Wesen ist est etwas Besonderes.

Es verhält sich ungefähr so: die modernen Verkehrsmittel, so groß-
artig sie sich auch entwickeln, halten sich in dem altgewohnten
Rahmen, sie haften am Boden. Sie erlauben rasche Fortbewegung,
ein Rasen von einem Ort zum andern. Aber immer nur auf der
Fläche, innerhalb des großen Rahmens.

Die Luftschiffahrt, sie hebt den Menschen aus diesem Rahmen
heraus; sie trägt ihn in die Höhe, über alles das, was unten sich
verflacht. Ein ähnliches Gefühl schildern die Bergsteiger. Es ist
das Gefühl einer für den Durchschnittsmenschen neuen Dimension,
der Höhe. So mancher, der die Höhe nie anders empfunden hat,
der nie von selbst, ich meine geistig, sich hat lostrennen können
von der Flachheit des Alltäglichen, wird durch die physische Er-
hebung drastisch zu einer Empfindung der Höhe gebracht, die er
sonst kaum erlangt hätte. Und diejenigen, die die Welt aus der
Vogelperspektive sehen, ohne einen Ballon oder einen Berg zu
besteigen — die sind, glaube ich, sehr selten, gerade unter den
sogenannten „Kulturmenschen".

Daß also die Luftschiffahrt noch immer etwas „Besonderes"
an sich hat, ist nicht zu leugnen. Nichtsdestoweniger hat man
sich, wie gesagt, in der Zeit der Automobile mit 100 km Geschwindigkeit in der Stunde usw. mehr oder weniger daran gewöhnt, auch von dem Verkehr auf den Luftwegen als von etwas
Alltäglichem zu sprechen. Ja, es fehlt einem beinahe etwas, wenn
man nicht jeden Tag in der Zeitung liest, daß Santos-Dumont
eine Spazierfahrt nach dem Rennplatz von Longchamp gemacht
oder Graf de La Vaulx einen neuen Dauer-Rekord auf dem
Mittelmeere geschaffen oder daß ein Versuchsballon eine Höhe von
15 000 Metern erreicht und von dort eine Temperaturaufzeichnung
von —60⁰ Celsius mitgebracht hat.

Vor zwanzig Jahren war das noch anders. In Frankreich
konnte man freilich auch damals schon von einer Popularität der
Aeronautik sprechen, aber beispielsweise in Österreich gehörte sie
noch zu dem Wunderbaren. Damals wurde sie gerade eingeführt

in Österreich. Für mich hatte sie nichts Befremdendes; ich war schon in frühester Jugend gut vertraut mit den aeronautischen Dingen; denn derjenige, welcher die Luftschiffahrt in Österreich einführte, war niemand anderer als mein Vater, Victor Silberer. In seiner aeronautischen Anstalt verbrachte ich viele Tage. Ich war beinahe immer dabei, wenn ein Ballon gefüllt wurde und aufstieg. Der „Ballonplatz" im Prater war der Spielplatz meiner Kinderjahre.

1888 veranstaltete mein Vater eine große aeronautische Ausstellung. Hauptsächlich durch diese veranlaßt, schuf das Kriegsministerium bald darauf einen militär-aeronautischen Kurs in der österreichisch-ungarischen Armee und betraute meinen Vater mit dessen Leitung. Damals wurde sehr fleißig im Ballon gefahren, und ich war natürlich meistens dabei. Mitgefahren bin ich aber nie, obgleich ich es gern getan hätte. Bei zwei Gelegenheiten wurde meine Mitfahrt vereitelt. Das eine Mal — es war noch vor dem militärischen Kurs — durch ein Verbot der Polizei, die damals in Bezug auf Luftschiffahrt sehr streng war; das zweite Mal durch die Verspätung eines Telegramms, das mich, leider eben zu spät, aus meinem damaligen Sommeraufenthalt zur Teilnahme an einem Simultanaufstieg zweier Ballons nach Wien rief. Als ich im Prater in der aeronautischen Anstalt anlangte, waren beide Ballons schon aufgestiegen, und ich hatte das Nachsehen.

In der damaligen Epoche kam ich also zu keiner Freifahrt. Nur an einer Kaptivfahrt konnte ich teilnehmen. Meine erste Freifahrt machte ich viel später, nämlich 1899 in Paris. Seit diesem Jahre bin ich häufig gefahren, besonders von dem Zeitpunkt an, wo auf Initiative meines Vaters hin nach dem Muster des Pariser Aero-Klub ein Aero-Klub in Wien gegründet wurde. Ich führte seit dieser Zeit regelmäßig jedes Jahr eine Anzahl von Fahrten aus, darunter einige sehr interessante Luftreisen.

Von sämtlichen Fahrten — es sind bisher 29 — wurden die genauen Daten aufgezeichnet und sind in diesem Buch gesammelt.

Diejenigen Luftreisen, deren Verlauf ich genügend interessant fand,
habe ich etwas ausführlicher beschrieben. Ich habe jedesmal
versucht, die Begebenheiten, die sich zutrugen, die Eindrücke,
die ich momentan empfand, möglichst einfach und getreu wiederzugeben — ohne irgendwelche nachträgliche Veränderung, die
der Wirklichkeit nicht entspräche. Diesen Schilderungen ist der
Vollständigkeit halber eine kurze Beschreibung aller meiner bisherigen Fahrten vorangeschickt.

Vielleicht sind die Aufzeichnungen, die hier gesammelt, und
die Bilder, die ihnen beigegeben sind, von allgemeinerem Interesse; es wird mich freuen, wenn sie dem Leser genug sagen, um
ihn zu veranlassen, mich gern in das Reich der Lüfte zu begleiten.

Wien im November 1903.

Der Verfasser.

Inhalt.

Verzeichnis der Bilder.

Viertausend Kilometer
im Ballon

29 Fahrten — 4000 Kilometer.
Allgemeine Fahrtenbeschreibung.

In Frankreich, dem Mutterlande der Luftschiffahrt, habe ich meine erste Luftreise gemacht. Es war im Oktober 1899, als ich mich unter Führung des Pariser Ballonfabrikanten Henri Lachambre zum erstenmal zu einer Freifahrt den Lüften anvertraute. Diese meine erste Fahrt bot, obgleich sie nicht sonderlich lange dauerte, eine — wenigstens für den Anfänger, der ich damals war — förmlich überwältigende Reihenfolge von wechselnden Eindrücken; so wollte es z. B. der Zufall, daß ich gleich bei meinem aeronautischen Debut das Wolkenmeer und einen Sonnenuntergang hinter demselben sehen, also einen Anblick haben sollte, der allein schon genügen würde, um jemand, der noch nie die höheren Regionen der Atmosphäre besucht hat, gänzlich zu verwirren. (Die in diesem Buch enthaltenen Wolkenphotographien können natürlich nur eine sehr mangelhafte Vorstellung von der Pracht der Wolkenwelt geben.) Solche großartige Schauspiele sind gar nicht notwendig, um jemand bei seiner ersten Luftreise mit Eindrücken zu überlasten; dies geschieht so wie so, allein schon durch die Unmenge von Kleinigkeiten, die sich während einer noch so kurzen Luftfahrt abspielen und die durch die ungewohnte Situation, in der man sie mitmacht, mit eigentümlicher Lebhaftigkeit wirken. Der ganz veränderte Gesichtskreis, die absonderliche Perspektive, die plötz-

liche Weltabgeschiedenheit, das rasche Wechseln des Ortes usw.,
alles wirkt zusammen, um den Anfänger vollauf gefangen zu
nehmen — auch wenn gar nichts „Besonderes“ sich ereignet.
Gänzlich verfehlt ist darum, was viele Leute wollen: Gleich bei
ihrer ersten Fahrt womöglich einen Rekord aufstellen, eine Dauerfahrt bei scharfem Wind machen oder dergleichen. Es wäre verfehlt, wenn sie das täten, denn sie würden von der Fülle des
Ungewohnten bis zur Erschöpfung abgespannt werden. Man muß
nicht gleich im Großen anfangen. — Eine Beschreibung meiner
ersten Fahrt findet sich Seite 14 („Eine Ballonfahrt in Paris“).

Meine weiteren Ballonaufstiege haben alle in Wien stattge-
funden. Die zweite Fahrt geschah am 23. April 1901 vom Wiener
Arsenal aus, unter Führung des Hauptmanns Hinterstoißer, der
damals Kommandant der militär - aeronautischen Anstalt war;
Dr. Oskar F., eines der ersten Mitglieder des damals in Wien
ins Leben getretenen Aero-Klubs, nahm auch an der Fahrt teil.
Dieselbe endete bei Graz und ist gleichfalls speziell beschrieben
(Seite 24).

Sämtliche übrigen Fahrten wurden mit Ballons des Aero-Klubs
ausgeführt, dem „Jupiter“ (1200 m^3) und dem „Saturn“ (800 m^3).
Die beiden Ballons sind französisches Fabrikat; es sind lackierte
Perkalballons aus dem Pariser Atelier Henri Lachambre. Die
Füllung der Ballons war stets Leuchtgas, welches freilich nicht
soviel Tragkraft besitzt wie Wasserstoff, aber viel leichter und
mit weitaus geringeren Kosten zu beschaffen ist. Leuchtgas bekommt man von den Gasanstalten; Wasserstoff muß man in der
eigenen Anstalt herstellen. Die Auffahrten erfolgten stets vom
Klubplatz im Prater aus. Da die ersten von diesem Klub veranstalteten Luftreisen, die ich alle mitmachte, sämtlich rückwärts
ausführlicher beschrieben sind, will ich sie hier nur kurz erwähnen.

Die erste Klubfahrt — meine dritte Luftreise — fand am
9. August 1901 nachmittags statt. Wir waren vier Personen: unser
Aeronaut Emile Carton, ein sehr tüchtiger Fachmann, den der

2

R. Lechner.   Der „Jupiter".   Wien 1901.

Aero-Klub als Führer und Lehrer nach Wien hat kommen lassen, ferner Dr. F., Mr. Benzin (Pseudonym) und ich. Wir landeten bei Holling am Neusiedlersee, dessen Bekanntschaft jeder Wiener Luftschiffer, wenn nicht gerade bei seiner ersten Fahrt, so doch sehr bald machen muß.

Mit Mr. Benzin, der viel Gefallen an der Aeronautik fand, vereinbarte ich für den 13. August wieder eine Fahrt. Eine Reise über den ganzen Tag mit M. Carton zu dritt. Das Wetter war für eine etwas weitere Fahrt günstig, und wir gelangten nach $9^3/_4$ Stunden nach Čadjavica in Slavonien.

Am 20. August stieg ich zusammen mit Herrn Dr. Franz Haiser und M. Carton auf. Wir kamen in ein Gewitter, das uns aber nichts anhaben konnte, da M. Carton ihm geschickt auszuweichen verstand. Bekanntlich wehen in verschiedenen Höhen meistens verschieden gerichtete Winde, so daß durch entsprechend geregeltes Steigen und Fallen eine teilweise Lenkung des Ballons erzielt werden kann. Das Steigen kann in jedem Augenblick durch Aus- werfen von Ballast, das Sinken durch einen Zug an dem Ballon- ventil hervorgerufen werden. Das Ventilziehen vermeidet man jedoch gern während der Fahrt. Über kurz oder lang kommt der Ballon so wie so ins Fallen, ohne daß man vorzeitig das kost- bare Gas eigens abzugeben braucht. Oft hört man Laien fragen, wodurch denn der Ballon überhaupt ins Sinken kommt, und da- rum wäre es hier am Platze, einige Worte der Aufklärung für die Nicht-Luftschiffer zu sagen.

Das von selbst (also ohne Ventilziehen) eintretende Sinken des Ballons kann verschiedene Ursachen haben; insbesondere ist es die Folge der Endosmose, d. h. der Vermischung des Traggases mit Luft, die auch durch den besten Ballonstoff mehr oder weniger sich vollzieht, und vor allem der Abkühlung des Gases, wodurch dieses sich zusammenzieht und infolgedessen weniger Luft ver- drängt, also an Auftrieb verliert. Eine solche Abkühlung findet z. B. statt, wenn die Sonne von einer Wolke verdeckt wird.

Will man dem Sinken des Ballons Einhalt tun, so muß man ihn erleichtern; man wirft Ballast aus, der bekanntlich in Sandform in Säcken mitgenommen wird. Man ersieht aus dem Gesagten, daß bei dem Ballonfahren ein stetiger Verbrauch da ist, und die von Laien gestellte Frage, warum man denn nicht tagelang oben bleiben könne, beantwortet sich jetzt leicht.

Die größten Verluste an Gas und Ballast gehen bei den vertikalen Schwankungen (Steigen und Fallen des Ballons) vor sich. Das ist so zu verstehen. Der Luftdruck nimmt, wie man weiß, mit zunehmender Höhe ab; darum wird sich das Gas in einem steigenden Ballon ausdehnen; in einem sinkenden Ballon wird es durch den Luftdruck zusammengepreßt werden. Dieser Umstand bewirkt nun, daß ein Ballon, der einmal durch irgend eine Ursache zum Sinken gebracht wird, immer weiter sinkt und dabei infolge der Zusammenziehung des Gases immer schlaffer wird. Hält man nun den Fall des Ballons auf, indem man Ballast auswirft, so bekommt der Ballon wieder einen „freien Auftrieb“ und steigt nun — normale Umstände vorausgesetzt — mindestens bis in diejenige Höhe, wo er schon gewesen ist. Beim Steigen dehnt sich nämlich infolge des abnehmenden Luftdrucks das Gas immer mehr aus, der Ballon füllt sich immer mehr, wodurch er auch entsprechend mehr Luft verdrängt und seinen „freien Auftrieb“ solange beibehält, bis er sich eben nicht mehr ausdehnen kann, also bis er prall voll ist. Ist die Höhe, wo dies der Fall ist (die sogenannte „Prallhöhe“), erreicht, so fängt das Gas an, aus dem Ballon durch dessen unteren Teil, den „Appendix“, zu entweichen. Der Appendix muß natürlich offen sein, damit das Gas entströmen kann; würde ihm dieser Weg nicht gelassen werden, so könnte es den Ballon zersprengen. (Wie man sieht, besteht aber eben wegen des Appendix die Gefahr des Platzens, vor der sich viele fürchten, nicht). Ist nun der Ballon so hoch, also in eine Schichte von so dünner Luft gestiegen, daß er ins Gleichgewicht gekommen ist, so bleibt er einige Zeit oben, fängt aber dann aus irgend

Emile Carton mit dem Korb des „Jupiter".

einer der früher erwähnten Ursachen wieder zu sinken an. Neuer
Ballastauswurf, neues Steigen, und das Spiel wiederholt sich immer-
fort. Man sieht, was geschieht: Der Ballon verliert immer mehr
von seinem Gas; man pariert die geschwächte Tragkraft dadurch,
daß man den Ballon erleichtert. Das Erleichtern hat aber eine
Grenze. Hat man allen verfügbaren Ballast verbraucht, so bleibt
einem nichts mehr übrig zum Auswerfen: beim nächsten Sinken
muß man landen.

Bei Dauerfahrten, die sich über eine Nacht und den nächsten
Tag erstrecken, verliert man besonders am Morgen viel Gas, wenn
die Sonne auf den vollen Ballon scheint, das Gas erhitzt und es
dadurch heraustreibt. Bei dieser Gelegenheit ist der Ballon fortwährend zu steigen gezwungen.

Man hat versucht, diese vertikalen Schwankungen durch An-
wendung eines „Ballonnets“ zu beheben, welches im Innern des
Ballons angebracht wird und mit Luft gefüllt werden kann — es
sind die französischen „Doppelballons“, von denen jetzt häufig die
Rede ist. Doch — ich verliere mich in Erklärungen, und ich
wollte doch nur das zum Verständnis Allernotwendigste sagen.
Zur Besprechung technischer Details sind ja die Fachwerke da.

Um also zu unserer Fahrt und zu unserem Gewitter zurück-
zukommen. Carton „lenkte“ den Ballon sehr geschickt und ver-
mied es, daß wir mit dem Kern des Gewitters zusammentrafen.
Wir schwebten immer vor, neben, ober oder hinter demselben.
Zum Schluß bekamen wir freilich etwas von dem Regen ab, aber
der hörte gerade bei der Landung auf. Diese erfolgte in Deutsch
Litta, etliche Kilometer von Kremnitz, in Ungarn. Wir hatten infolge der durchfahrenen Schlangenwindungen in neun Stunden nur
190 km zurückgelegt.

Am 30. August 1901 stiegen M. Carton und ich um 10 Uhr
abends zu einer Dauerfahrt auf. Die Reise fiel in der Tat sehr
lang aus. Wir stellten bei dieser Gelegenheit den österreichischen
Dauerrekord auf, nämlich 23 Stunden 24 Minuten. (Der Welt-

rekord für einen freien Ballon ist, nebenbei bemerkt, 35 Stunden 45 Minuten, gefahren von den Pariser Aeronauten Grafen de la Vaulx und Grafen Castillon de Saint-Victor 9. bis 11. Oktober 1900, allerdings in einem 1600 m³ fassenden Ballon, der zum Teil mit Wasserstoff gefüllt war.) Unsere Landung erfolgte, wie sich ja aus der Fahrtdauer ergibt, spät abends in der Dunkelheit, und zwar in der Nähe von Ungvár.

Am 7. September veranstaltete der Aero-Klub eine Simultan-auffahrt zweier Ballons. Der eine Ballon, der „Jupiter", war besetzt mit den Herren Carton, Josef Eduard Bierenz, Gustav Lustig, und Dr. Julius Steinschneider. Der andere Ballon, der kleinere „Saturn", trug Herrn Dr. Oskar F. und mich. Zum erstenmal fuhren wir also ohne Aeronauten. Wir hatten mit der Gesellschaft des „Jupiter" abgemacht, daß wir möglichst zu gleicher Zeit landen würden wie sie. Während der Fahrt versuchten wir von Ballon zu Ballon durch kleine Sirenen Signale zu geben. Die Pfeifen konnten aber nur am Anfang gehört werden. Als die Ballons in verschiedene Luftströmungen gerieten und von einander sich entfernten, war die Verständigung nicht mehr möglich. Wir beobachteten einander aber stets und landeten schließlich ziemlich gleichzeitig; der „Jupiter" gegen 7 Uhr in Mödling, der „Saturn" gleich darauf bei Wiener Neudorf, 2 km von Mödling und 17 km von Wien.

Am 23. September, 10 Uhr abends, unternahmen M. Carton und ich abermals eine Dauerfahrt. Wir stellten diesmal einen Rekord der Fahrtweite auf, indem wir mit dem 1200 m³ fassenden Ballon über Magdeburg und Hamburg bis nach Oxstedt (bei Cuxhaven) fuhren. Die Fahrt dauerte 13 Stunden 48 Minuten; es wurden in 828 Minuten 828 km zurückgelegt. (Weltrekord der Fahrweite ist die Fahrt Paris-Korostischew (Rußland) der Herren Grafen de La Vaulx und Castillon de Saint Victor vom 9. bis 11. Oktober 1900; die Distanz betrug 1925 km; es ist die schon erwähnte Fahrt mit dem 1600 m³-Ballon, welche 35 Stunden 45 Minuten währte.) Von unserer Fahrt wäre noch der Umstand

H. Silberer. Der „Saturn". Wien 1903.

hervorzuheben, daß wir bei der Landung noch 150 kg Ballast mit uns hatten, daß wir also beträchtlich länger hätten fahren können, wenn die vor uns liegende Nordsee uns nicht davon abgehalten hätte. Unser Kurs war ein derartiger, daß wir eine Fortsetzung unserer Reise nicht riskieren konnten: es lag kein Land in unserer Richtung. Wir gingen einige Kilometer vor der Westküste herunter. Über Cuxhaven und Hamburg ging die Reise nach Wien zurück, eine lange Bahnfahrt.

Am Tag unserer Ankunft in Wien, am 26. September, fand gleich wieder eine Doppelauffahrt des „Jupiter" und des „Saturn" statt. Carton führte den ersteren, ich den zweiten mit Dr. O. F. an Bord. Mein Begleiter und ich hatten die Absicht, möglichst nahe dem anderen Ballon zu landen, und in der Tat landeten wir nur etwa 500 m weit vom „Jupiter" bei Kirchberg am Wagram an der Franz-Josefs-Bahn.

Am 28. September machte ich meine „Führerfahrt". Der Aero-Klub verlangt nämlich von seinen Mitgliedern, daß sie eine Ballonfahrt ganz allein unternehmen, bevor er sie zu Ballonführern erklärt. Diese Maßregel ist sehr begreiflich, denn bevor man jemand Neulinge anvertraut, muß man den Beweis haben, daß der Betreffende seiner selbst sicher ist. Ich machte diese Alleinfahrt im „Saturn". Ich stieg bei sehr ruhigem Wetter um 4 Uhr nachmittag auf, überflog in geringer Höhe den nördlichen Teil der Stadt, dann den Wienerwald nächst dem Hermannskogel und landete nach zweistündiger Fahrt glatt bei Tulln an der Donau. Nun war ich also „Führer". Nicht lange darauf machte auch Dr. O. F. seine „Führerfahrt".

Meine nächsten zwei Luftreisen waren ganz kleine Spazierfahrten: die eine fand am 28. Oktober statt; ich fuhr zu zweit im „Saturn" mit Herrn Aresin; wir überflogen äußerst langsam Wien und kamen in 4 Stunden nicht weiter als nach Liesing (14 km vom Aufstiegsplatz). Die zweite Fahrt wurde von meinem Vater, dem Präsidenten und Fahrwart des Aero-Klubs, selbst geleitet.

In Gesellschaft der Herren Ing. Richard Knoller und Otto Seybel fuhren wir nach Wiener-Neustadt.

Donnerstag den 7. November beteiligte sich der Aero-Klub zum erstenmal an den internationalen Simultanfahrten, welche zu meteorologischen Forschungszwecken an dem ersten Donnerstag jedes Monats abgehalten werden. Ich führte auf dieser Fahrt, bei der eine möglichst große Höhe erzielt werden sollte, die Herren Dr. Josef Valentin, der von der meteorologischen Anstalt zu den Beobachtungen entsandt war, und Ing. Richard Knoller. Wir erreichten eine Höhe von 4950 m, woselbst eine Temperatur von —16 Grad festgestellt wurde. Wir fühlten indes keine Kälte, weil die Sonnenstrahlung in der Höhe sehr bedeutend war. Auch die Abwesenheit jeglichen Windes trägt dazu bei, daß man die Kälte weniger verspürt. Bekanntlich ist auch der stärkste Sturm im Ballon nicht fühlbar, weil sich dieser stets mit dem Luftstrom bewegt. Wir landeten nach $3^1/_4$ Stunden bei Felsö-Galla nächst Totis in Ungarn, 173 km weit von Wien.

Ich kann nicht umhin, hier zu erwähnen, daß die beiden Herren, mit denen ich diese erste Hochfahrt ausführte, in der Folge einen hervorragenden Rekord aufstellten, indem sie am 2. Oktober 1902 eine Höhe von 6810 m erreichten. Eine solche Leistung war nur durch die vollständige Ausnützung der nicht sehr häufig vorhandenen günstigen Bedingungen und eine außerordentliche Kühnheit möglich: die beiden Herren opferten nämlich ihren Ballast bis auf zwei kleine Säcke à 12 kg, was eine sehr gewagte Sache ist. Dr. Valentin erreichte dann später einmal (am 4. Juni 1903) eine noch größere Höhe, eine Region, in die bisher noch selten jemand vorgedrungen ist. Er stieg damals allein im „Jupiter" auf und gelangte bis zu 7280 m. An dem absoluten Weltrekord (10800 m), der mit einem riesigen Ballon (8400 m³ Inhalt!) von Berson und Süring in Berlin erzielt wurde, reicht dies natürlich nicht heran, aber im Verhältnis zu der Ballongröße ist die Leistung Dr. Valentins etwas Sensationelles, ganz abgesehen davon, daß

der Wiener Gelehrte sie allein und ohne Zuhilfenahme eines Sauerstoffapparates vollbrachte. Dr. Valentin hat mit seiner Hochfahrt
zu dem Rekord Wien-Cuxhaven und der 23¹/₂ stündigen Fahrt
vom 30. August 1901 noch einen glänzenden Höhenrekord hinzugefügt, so daß jetzt der Aero-Klub sowohl der Fahrtdauer als der
Fahrtweite und der Fahrthöhe nach den Weltrekord für einen
1200 m³ Ballon aufzuweisen hat. —

Die Saison 1901 schloß mit einer Fahrt des Ballons „Jupiter",
an welcher 5 Personen teilnahmen: Victor Silberer als Leiter der
Fahrt, Dr. Oskar F., der Schriftsteller Balduin Groller, Redakteur
Karl Klinenberger und ich. Landung nächst Pyrawarth, 29 km
nördlich von Wien.

Im Jahre 1902 wurde die Saison unseres Klubs am 28. Mai
eröffnet durch eine Fahrt, an welcher die Herren Dr. O. F., Rittmeister von der Lühe, A. Schuster und ich teilnahmen. Wir kamen
über den Wienerwald und landeten nach kurzer, aber schöner
Fahrt bei St. Andrä-Wördern.

Am 3. Juni hatte ich Gelegenheit, mehrere Herren zu ihrer
„Lufttaufe" zu befördern, die sich in der Folge sehr für die Luftschifferei interessierten und sich mit Eifer darauf warfen: die Grafen
Nikolaus Desfours-Walderode (jetzt erster Vizepräsident des Aero-
Klubs) und Heinrich Thun. An unserer Fahrt nahm auch Rittmeister Amon von Gregurich teil, der in Sports- und Militärkreisen
als brillanter Fechter wohlbekannt ist. Wir kamen in eine sehr
seltene Richtung, nämlich nach Westen. Der „Jupiter" durchflog
die Stadt ihrer größten Breite nach, und in einer Stunde waren
wir in Preßbaum, woselbst die Landung bewerkstelligt wurde.

Am 6. Juni stiegen Dr. O. F. und ich im „Saturn" auf; wir
kamen nach Ungarn und landeten bei Halbthurn, einer Besitzung
Sr. k. u. k. Hoheit des Erzherzogs Friedrich.

Der Erzherzog war dem Ballon rasch auf dem Zweirade nachgefahren und interessierte sich sehr für die Landungsmanipulation.
Der hohe Herr ließ uns überdies im Schlosse Halbthurn bis zum

nächsten Tage in liebenswürdigster Weise bewirten, da abends kein Zug mehr nach Wien ging.

Dr. O. F. und ich verabredeten damals eine Nachtfahrt. Diese kam am 9. Juni zustande. Leider fiel sie nicht sehr lang aus, denn nach einer Fahrt von 92 km verfing sich unser Schleifseil in einem mächtigen Baum, so daß wir plötzlich in einem Fesselballon schwebten. Wir erwarteten so den Morgen und schnitten dann das Seil ab, um ein Stückchen weiter zu fahren und bei Kromau in Mähren zu landen.

Am 13. Juni führten Herr Dr. O. F. und ich zwei Damen in das Reich der Lüfte. Fräulein P. G. und die Malerin Edith Stengel. Die Landung erfolgte in einem Wiener Vororte — bei Laa, nächst Simmering — unter Andrang von Tausenden von Menschen.

Eine Nachtfahrt über die steierischen Alpen machte ich am 26. Juni mit dem Grafen Heinrich Thun. Als wir am Morgen des 27. bei Marburg ankamen, flaute wieder der Wind gänzlich ab, so daß wir uns zur Landung entschlossen. Graf Thun, der als Aeronaut ebenso schneidig war wie als Reiter, führte bald darauf eine Nachttour ganz allein aus. Es gehört Courage dazu, nach nur drei Fahrten eine solche Partie zu unternehmen.

Am 23. September fuhr ich wieder mit M. Carton zu einer Dauer- und Weitfahrt auf. Wir verließen die Erde um $^1/_2$9 Uhr abends bei sehr starkem Winde. In wenigen Minuten waren wir über dem 10 km entfernten Wienerwald, und flogen mit einer Geschwindigkeit von 70 km die Stunde nach Böhmen. Gegen Morgen wurde der Wind immer schwächer. Verhältnismäßig langsam überschritten wir die deutsche Grenze. Erst bei Baireuth kam der „Jupiter" wieder in Schwung. Wir gelangten bis Cölleda (Thüringen), wo wir, 513 km von Wien entfernt, um $^3/_4$3 Uhr landeten.

Am 14. Oktober stiegen Nachmittag um 3 Uhr M. Carton, der Maler Theo Zasche und ich zu einer kleinen Spazierfahrt auf, welche um 5 Uhr bei Mistelbach an der Staatsbahn (Nieder-Österreich) endete.

10

Den Schluß der Saison 1902 bildete eine Tagesfahrt, die ich mit M. Carton allein unternahm und die sehr genußreich war, da wir den größten Teil der Reise unter lachendem Himmel auf einem herrlichen Wolkenmeer gondelten, während trüber Nebel die Erde bedeckte. Wir landeten gegen Abend bei Kostelec in Böhmen, 181 km von Wien.

Die erste Fahrt des Jahres 1903 machte ich am 27. Mai im „Jupiter" in Gesellschaft von Fräulein J. Tittelbach und Herrn Josef Ed. Bierenz. Es war nur eine kleine Nachmittagstour, die in Gumpoldskirchen, der berühmten Weingegend im Süden von Wien, endigte. Bald darauf jedoch unternahmen Herr Bierenz und ich eine Nachtfahrt, die zwar einigermaßen verregnet wurde, aber nichtsdestoweniger reich an Abwechselungen und an launigen Situationen war. Ich kann mich auch nicht erinnern, je eine Fahrt mit so sonderbaren Kursveränderungen gemacht zu haben, wie bei dieser Gelegenheit. Es scheint, daß der Wettergott und die Luftgeister alles aufzubieten trachteten, um meinen Gefährten Bierenz an komischen Einfällen zu übertreffen. Das ist eine schwere Aufgabe, und ich glaube nicht, daß sie es fertig brachten.

Am 11. Juni wurden zwei Novizen eingeweiht, die Herren Josef Polacsek und Richard Brüll. Mein Vater, Victor Silberer, führte den „Jupiter", und wir fuhren zu viert in 100 m Höhe über die Häuser der Landstraße, des IV. sowie des X. Bezirkes hinweg, dann, immer noch in geringer Höhe, die Südbahnstrecke entlang. Nach und nach auf 1000 m steigend, übersetzten wir dann einige Berge des Wiener Waldes und landeten in dem Sparbacher Tale bei Mödling.

Am 16. Juli unternahm ich eine Nachtfahrt allein im „Saturn", mit der Absicht, eine große Fahrtdauer zu erzielen, was auch gelang, da ich 19 Stunden 10 Minuten lang in den Lüften blieb.

Eine schöne Tagesfahrt machte ich am 22. September mit Herrn Josef Polacsek, der in kurzer Zeit ein sehr eifriger und tatkräftiger Aeronaut geworden ist. Als ich ihn tags vorher auf-

suchte, um das Nötige wegen unserer Fahrt zu vereinbaren, schien
er mit dem ruhigen Wetter, das gerade herrschte, wenig zufrieden
zu sein; er wäre, glaube ich, am liebsten im Sturm aufgefahren.
Mir ist, das muß ich sagen, ein Sturm weniger sympathisch. Ich
glaube, daß jeder, der über die ersten paar Fahrten hinaus ist
und während dieser zahmen Fahrten von Stürmen geträumt hat,
schließlich doch zu der richtigen Schätzung der gewaltigen Wirkung
eines solchen gelangt. Bei unserer Fahrt zeigte es sich recht gut,
daß man bei einem Wind, der, obgleich frisch, noch immer kein
„Sturm" genannt werden kann, doch schon eine unerwartet starke
Wirkung verspüren kann; das mußte auch der unerschrockene
Herr Polacsek zugeben, als wir bei der Landung in unserem Korbe
ein paar Mal hin und her kollerten. Es war zwar nichts weiter
dabei — aber, wenn der Wind noch etwas stärker gegangen
wäre, hätten wir, denke ich, doch mit Vergnügen die Reißleine
gezogen, um etwaige unsanfte Püffe gegen das steinige Terrain
oder ein kaltes Bad in den nahen Teichen zu vermeiden. Übrigens
ist Herr Polacsek seinem nassen Schicksale nicht entgangen: er
landete bald darauf bei Regen in einem Sumpf. Eine schöne
Kombination!

Nun will ich noch einige Worte für diejenigen meiner Leser
einfügen, welche Photographen sind. Diese werden sich gewiß
für die Art der Herstellung der Ballonphotogramme interessieren.
Ich kann mich natürlich nicht in ausführliche Beschreibungen ein-
lassen, sondern will nur das Wichtigste erwähnen. Die Aufnahmen
vom Ballon aus bieten vor allem zwei Hauptschwierigkeiten,
nämlich erstens die verhältnismäßig große Entfernung der Objekte
und die infolgedessen außerordentlich starke (und sehr variable!)
Wirkung der zwischen dem Apparat und dem Objekt liegenden
Atmosphäre und zweitens die Bewegungen des Ballons, von denen
die Drehungen um die Vertikalachse am gefährlichsten für den
Photographen sind. Die Abschätzung der Lichtverhältnisse ist im

H. Silberer.

Abfahrt vom Klubplatz.
Höhe ca. 12 m.

Wien 1901.

Ballon ungemein schwer. Sehr wichtig ist es, geeignetes Material zu benützen. Um der Wirkung der Atmosphäre (bei den gewöhnlichen Landschaftsaufnahmen als „Luftperspektive" auftretend) zu begegnen, muß beinahe immer eine (nicht zu dunkle) Gelbscheibe angewandt werden. Orthochromatische Platten sind unerläßlich. Es sind selbstverständlich nur Momentaufnahmen möglich, am besten sehr kurz. Man lehnt den nach vorn gesenkten Apparat gegen den Gondelrand und drückt in dem Moment los, wo das Hin- und Herdrehen der Gondel um die Vertikalachse gerade an einem toten Punkt angelangt ist. Bei Wolkenaufnahmen hat man es oft mit einer unglaublichen Lichtfülle zu tun. Man exponiert sehr kurz, wendet eine mittlere (etwa 8fache) Gelbscheibe an und blendet noch ab, wenn man, was ich stets voraussetze, mit einem modernen lichtstarken Objektiv arbeitet.

Die in diesem Buch reproduzierten Aufnahmen vom Ballon wurden sämtlich im Format 13×18 mit einem symmetrischen Zeiß-Objektiv von 200 mm Brennweite und $^{1}/_{6,3}$ größter Öffnung hergestellt. Eine Lechnersche Stella-Camera, die für die Brennweite 20 cm eigens hergestellt wurde, bewährte sich wegen ihrer Leichtigkeit. Als die geeignetste Plattensorte erwies sich unter vielen Fabrikaten die Colorplatte von Westendorp und Wehner. Ich gestehe, daß ich erst nach vielen Versuchen zu brauchbaren Resultaten kam.

Eine Ballonfahrt in Paris.

Wien, im November 1899.

Schon lange war es mein Wunsch gewesen, auch einmal eine Spazierfahrt in den Lüften mitzumachen, d. h. eine wirkliche Landpartie, nur um einige hundert Meter höher als gewöhnlich, aber nicht eine Fahrt, bei welcher der Ballon „an der Leine geführt" wird, und nach der man wie nach einer Turmbesteigung direkt wieder zum Ausgangspunkt zurückkehrt. Aufstiege mit dem Fesselballon — an solchen hatte ich schon mehrmals teilgenommen — geben denn doch nur eine schwache Vorstellung von einer Freifahrt. Jetzt kann ich das aus eigener Erfahrung sagen, denn die erste Freifahrt ist gemacht.

Als mein Vater und ich vor drei Wochen in Paris waren, bekamen wir in unserem Hotel den Besuch des bekannten Pariser Ballonfabrikanten Herrn H. Lachambre, mit dem mein Vater seit vielen Jahren bekannt ist, und von dem er auch seinerzeit einige Ballons bezogen hat. So z. B. stammte die „Vindobona" aus Lachambres Atelier. Ich lernte also M. Lachambre kennen. Er lud uns ein, seinen Ballon captif, der den ganzen Sommer und den Frühherbst hindurch im Jardin d'Acclimatation Aufstiege machte, zu besichtigen und eventuell auch damit aufzufahren. Wir begaben uns, der Einladung folgend, einen der nächsten Tage in den Jardin d'Acclimatation zu dem Ballon, einem wahren Un-

getüm von 3200 Kubikmeter Inhalt, und machten eine Auffahrt
mit, circa 200—300 Meter hoch. Als wir wieder unten ankamen,
trafen wir M. Lachambre. Er benachrichtigte uns davon, daß er
nächsten Sonntag (29. Oktober) ein aerostatisches Fest veranstalten werde. Die Saison für den Ballon captif sei nun zu
Ende, er werde daher das Gas desselben in drei oder vier kleinere
Ballons umfüllen und diese zu simultanen Freifahrten verwenden.
Einen der Ballons wolle er selbst leiten, und da werde er noch
vier oder fünf Passagiere mitnehmen. Es lagen noch keine An-
meldungen von Fahrtlustigen vor — die Plätze waren also noch
frei — eine Gelegenheit für mich! Bald war die Sache abgemacht: Sonntag, 3 Uhr nachmittags, Fahrt mit M. Lachambre.

Das Wetter war die ganze Woche schön und ruhig gewesen
und schien auch so bleiben zu wollen; doch Samstag trübte sich
der Himmel. Ich begab mich nachmittags zu Herrn Lachambre,
um ihn noch um einige Details betreffs der Fahrt zu befragen.
In Bezug auf das Wetter wußte er mir nach den Angaben einer
meteorologischen Karte zu berichten, daß zwar im westlichen
Frankreich Regen gefallen, daß aber die Verteilung des Luftdruckes
nicht ungünstig sei. Weiter erfuhr ich, daß drei Ballons zugleich
aufsteigen würden: die „Lorraine", 1200 Kubikmeter, der „Select",
750 Kubikmeter, und der „Caprice", 500 Kubikmeter, wie gesagt,
alle mit dem Wasserstoffgas des großen Ballons gefüllt. Für mich
war ein Platz in der „Lorraine" reserviert.

Am nächsten Morgen sah das Wetter nicht gerade ideal aus.
Trüb, windig, schließlich fing es sogar zu tröpfeln an. Nun —
der Wind hatte mir weniger Bedenken verursacht, versprach er
doch eine weitere Fahrt, hingegen war der Regen, der zu kommen
schien, nicht recht einladend. Glücklicherweise kam er nicht, und
bis 2 Uhr war es ziemlich hell und außerdem so windstill geworden, wie nur äußerst selten in Wien. Wenn die graue
Wolkenschichte, die den ganzen Himmel verdeckt, nur recht nieder
wäre, so dachte ich; wir würden vielleicht sie durchdringen und

dann auf das „Wolkenmeer", von dem ich schon so viel gehört hatte, herabschauen können.

Um $^3/_4$3 Uhr fand ich mich auf dem aeronautischen Platze ein, wo die drei Ballons bereit standen. Ein überaus zahlreiches Publikum füllte den Zuschauerring und ergötzte sich an den mannigfaltigen Figuren und Papierballons, die man steigen ließ. Da gab es Pferde, Clowns, Schweine, kleine Ballons, die in der Luft explodierten u. s. w. Alle stiegen sehr ruhig, zuerst fast senkrecht in die Höhe, dann nahmen sie nördliche Richtung. Ich begab mich in den begrenzten Aufstiegplatz. Rechts vom Eingang stand die „Lorraine", der ich vor allem meine Aufmerksamkeit schenkte. Ein schöner Kugelballon aus fast durchsichtigem Seidenstoff, genäht nach der neueren Methode, d. i. die Nähte gehen nicht meridianartig von Pol zu Pol, vom Ventil zum Äquator und die Fortsetzung bis zum Appendix, sondern die Stoffstücke sind genau wie die Ziegel einer Mauer angeordnet. Ich gehe nun Herrn Lachambre begrüßen, der mich mit einigen Herren bekannt macht, die ebenfalls mit der „Lorraine" fahren werden. Es sind M. Dubois und M. Gaston Vinet. Leider verwechselte ich die Namen fortwährend und ich weiß auch jetzt noch nicht, ob ich die beiden Herren richtig bezeichne, wenn ich sage, daß M. Dubois schon 39 Fahrten hinter sich hatte, während M. Vinet bisher noch nie aufgestiegen war. Keinesfalls werde ich fehlgehen, wenn ich sage, daß beide eifrige Automobilisten sind.

Jetzt geht der erste Ballon ab, der „Select". Er trägt Herrn Carton, seine Frau und seine kleine Tochter sowie M. Simplex. Eine Viertelstunde später, um 3 Uhr 30 Minuten, kommt der kleine Ballon „Caprice" an die Reihe. Er fährt unter der Führung von M. Alexis Machuron, dem Neffen des Herrn H. Lachambre, auf. In der Gondel befinden sich außerdem Mme. Lachambre und M. Berlot. Der „Caprice" erhebt sich wie der „Select" ausnehmend ruhig. Es werden wieder Figuren steigen gelassen. Doch nun ist's Zeit für uns. M. Béchade, ein Gehilfe von M.

16

Lachambre, begibt sich in den Korb der „Lorraine", dann folgen noch zwei Herren, die ich noch nicht kenne, und Herr Vinet. Ich steige nun auch hinein, ebenso Herr Dubois und unser Kapitän. In dem Moment steigt wieder eine Figur — ein Fisch — er kommt unter unseren Ballon und scheint da bleiben zu wollen. „Nun, so werden wir wenigstens nicht verhungern!" meint einer der Passagiere. Aber der Fisch scheint ihn verstanden zu haben. Es leidet ihn nicht mehr in unserer Nähe, er fängt an, außen am Ballon hinaufzukollern und entschwindet schließlich unseren Blicken.

„Lâchez tout!" ertönt es da; wir stehen aber noch; es muß ein Sack Ballast aus dem Korb. Jetzt steigen wir aber!

Ziemlich rasch wird alles auf der Erde kleiner, die Menschen, die Häuser, bald schrumpft der ganze Jardin d'Acclimatation zu einem kleinen Fleck zusammen.

Wir sind nun auf 200 Meter Höhe und fliegen nach Nord-Ost, aber nicht über Paris. M. Lachambre wirft eine Menge bunte Papierschnitzel aus, dann auch etwas Ballast, um, während wir über den Häusern sind, in konstantem Steigen zu bleiben. Wir kommen auf 500 und ziemlich schnell auf 600 Meter. Wie unbedeutend und niedrig sieht schon von da oben der Eiffelturm aus! Die kolossalen Ausstellungsgebäude verschwinden fast. Über der Stadt liegt etwas Nebel, man kann sie nicht ganz übersehen.

Wir kommen über einen Friedhof, dann über die Seine. Ein Begleiter macht mich auf die merkwürdigen Schlangenwindungen dieses Flusses aufmerksam. Jetzt stellte sich mir jemand vor: M. Béreau, ein Aeronaut, der mit seinem Vater an der Fahrt teilnimmt. Bekanntschaft im Ballon, auch etwas Neues, denke ich mir. Über dem Seineflusse macht sich eine gewisse Kühle bemerkbar. Auch wird das Gas ein bißchen kondensiert, so daß wieder Ballast ausgeworfen werden muß.

„Ah!" ertönt ein Ausruf. Ich wende mich um. Es ist M. Béchade, der Herrn Béreau noch nicht bemerkt hatte und ihn jetzt ganz verwundert begrüßt. Wir halten uns auf etwa 700 Meter.

M. Vinet ist mit einem steifen Hut erschienen und ist um diesen sehr besorgt. Er kommt auf eine hervorragende Idee. Wir haben im Korb einige schmale Bänder aus Ballonstoff mit. Er knüpft zwei solche zusammen, zieht diese Schnur durch die „Luftlöcher" des Hutes und knüpft die neuartige gelbe Zierde geschmackvoll in einem Knopfloch zusammen. Herr Vinet bietet uns Schokoladetabletten an, dieselben werden jedoch mit Dank abgelehnt. Mehr Zuspruch findet der Weißwein des Herrn Lachambre.

Jetzt wird das 120 Meter lange Schleifseil hinabgelassen, was einige Zeit in Anspruch nimmt. Wir fliegen über Enghien hinweg. Ich betrachte noch die schönen Lichteffekte, welche die Sonne am Horizont in der Seine hervorbringt; M. Lachambre spricht davon, daß der kleine Ballon „Caprice" nicht weit vor uns sichtbar sei und daß wir ihn einholen werden; ich sehe ihn aber nicht. Man zeigt ihn mir ganz wo anders, als ich ihn suchte. Er befindet sich nämlich tief unter uns und scheint auf der Erde zu stehen, als ob er landen wollte, doch es ist nur eine seltsame Täuschung; der „Caprice" dürfte vielleicht 200 Meter über dem Erdboden sein. Wir steigen wieder, und je höher wir kommen, desto mehr weichen wir von der Bahn des „Caprice" nach rechts, also östlich ab.

Wir sind nun circa eine Stunde unterwegs. Die Sonne wird bald untergehen; wir sehen zwar nicht sie selbst, da der Himmel noch ganz bewölkt ist, aber wir erkennen es an der Beleuchtung des Horizontes. „Wir werden einen schönen Sonnenuntergang sehen", bemerkt M. Lachambre und wirft noch etwas Ballast aus. Der Ballon steigt, das Barometer zeigt 800, dann bald 900 Meter; hier erreichen wir die Wolkenschichte. Ja, wenn wir darüberkommen, denke ich mir, dann werden wir allerdings einen prachtvollen Sonnenuntergang in einer, wenigstens für mich, ungewöhnlichen Szenerie erleben. Es fragt sich nur, ob die Wolkenschichte nicht zu hoch reicht — aber langes Nachdenken ist nicht not-

wendig, schon beginnt sich der allseits dichte Schleier über uns
zu erhellen. M. Lachambre ruft uns zu, wir mögen nun vorbereitet
sein, ein Schauspiel zu sehen, das wir ja nur recht voll genießen
mögen, da es uns nicht gar oft beschieden ist. Im nächsten Moment leuchtet es über uns rein blau, und wir erheben uns über
ein weißes Meer, ein schweigendes Meer von schneeigen, fast
ruhenden Wogen, das sich nach allen Seiten ausbreitet, so weit
das Auge reicht; angrenzend an das krystallklare Blau des Firmamentes — — C'est épatant! Wir sind alle entzückt von dem
feenhaften Bild. Jetzt bemerken wir auch den Schatten unseres
Ballons auf den Wolken östlich von uns; er ist von einer kaum
merklichen Aureole umgeben und wird bald schwächer sichtbar.

Es geht eine Veränderung im Panorama vor. Die Sonne neigt
sich unter das Wolkenmeer und läßt dieses im Westen in un-
beschreiblichem Glanz erstrahlen. Einzelne Wolken scheinen zu
glühen. Nach einigen Minuten dämpft sich das Licht, und die
Wolkenmassen gleichen jetzt einem Eismeer und enormen Schnee-
flächen, in denen bläuliche Spalten gähnen; es fröstelt Einen
ordentlich bei dem Anblick — oder es ist eigentlich wirklich
kälter geworden.

M. Vinet bietet den verschiedenen Korbinsassen wieder die
Schokoladentafeln an; keiner nimmt etwas davon, obwohl Vinet
versichert, daß es ausgezeichnet und stärkend wäre. Er behauptet
und will uns durchaus davon überzeugen, daß derlei auf Reisen
von großem Nutzen sei und daß wir das bald genug einsehen
würden. Ebensowenig Glück wie Herr Vinet mit seiner Schokolade hat M. Lachambre mit dem mitgebrachten Kaffee; derselbe
ist nämlich nicht gezuckert und wird daher von sämtlichen Mitgliedern der Expedition verschmäht. Die Flasche mit dem Kaffee
findet sogar ein tragisches Ende. Sie wird dazu benützt, um ex-
perimentell zu zeigen, wie der Stöpsel einer solchen zugekorkten
Flasche herausspringt, wenn diese aus einer bedeutenden Höhe
herunterfällt. Gelungen ist das Experiment allerdings nicht.

Es fängt schon an zu dunkeln. Die „Lorraine" hält sich jedoch noch ziemlich hoch über den Wolken; sie ist in einem ausgezeichneten Equilibrium. Das Barometer zeigt schon seit geraumer Zeit 1200 Meter Höhe. Je mehr die Stunde vorwärts schreitet, desto mehr zerreißt sich der Wolkenschleier unter uns, der jetzt keine weiße, sondern graue Färbung hat. Wir können die Erde recht gut beobachten. Wir sehen jetzt, daß wir uns in gerade entgegengesetzter Richtung bewegen wie die Wolken unter uns. Auch das untere Ende der Schleifleine ist stark nach der Richtung des Wolkenfluges abgebogen, ein Beweis, daß auch dort noch eine der unsrigen konträre Strömung herrscht. Es wird nun auch das Ankerseil mit dem kleinen, sechshakigen Anker hinabgelassen. Nach einiger Zeit sinken wir infolge der eingetretenen Kühle, doch sobald wir der wärmestrahlenden Erde näher kommen, fängt die „Lorraine" wieder zu steigen an — es ist ein fortgesetztes Schwanken zwischen 1000 und 1100 Meter. Die Wolken senken sich und verrinnen immer mehr, bis wir endlich nach unten freie Aussicht haben. Wir passieren ausgedehnte Felder, Waldstreifen und Dörfer, aus denen Stimmengewirr und Musik herauftönt. Nachdem wir einige Zeit mit ziemlicher Schnelligkeit so dahingeflogen sind, senkt sich der Ballon ein wenig, um aber dann bald wieder in vielleicht 800 Meter Seehöhe, also noch immer bei 700 Meter über dem Lande, stationär zu bleiben.

Der Ballonstoff muß trotz seiner Leichtigkeit ganz besonders gasdicht sein, wir sind ja schon zwei Stunden unterwegs.

Als wir nun wieder bei einem Dorfe vorbeikommen, wollen wir uns durch Rufen und Pfeifen unten bemerkbar machen. Die Leute fangen ebenfalls an zu schreien, doch jeder schreit etwas anderes, und so bleiben sie uns gänzlich unverständlich. In jedes Dorf rufen wir nun auf Kommando: Un! — deux! alle zugleich hinunter: „Quel dé-par-te-ment?" und „Quel pays?" Die Antworten sind äußerst verworren. Wir glauben einmal zu verstehen „Au Nord", dann „L'Aisne". Letzteres erscheint uns wahrscheinlicher, und so fragt Herr Dubois beim nächsten Dorf: „Département de l'Aisne?" Wir warten einige Sekunden — „Département de l'Aisne!" schallt es zurück; es ist sein eigenes Echo.

Bald wird es ganz dunkel sein. Wir müssen ans Landen denken; für eine Nachtfahrt sind wir ja doch nicht ausgerüstet. Die Schokolade des Herrn Vinet, die einigen Mitgliedern der Expedition jetzt wieder angeboten wird, wäre gerade nicht ausreichend.

M. Lachambre wäre gerne hinuntergekommen, ohne das Ventil zu ziehen, aber es bleibt schließlich doch nichts anderes übrig als dieses Mittel. Er zieht das „clapet de manoeuvre", doch die „Lorraine" ist nicht zum Fallen zu bringen. Sie steigt sogar noch ein wenig! Erst einige weitere Züge an der Ventilleine bringen den Ballon endlich zu langsamem Sinken.

Vor uns sehen wir in der Ferne die Lichter einer Stadt. Wir scheinen uns derselben in gerader Linie zu nähern, lassen sie aber dann in Wirklichkeit weit links liegen. Gerade vor uns taucht wieder eine hellbeleuchtete Stadt auf; wir kommen ihr näher. Es ist schon sehr dunkel, wir müssen auf einem jener Felder landen, auf die wir zukommen. Die Schleifleine berührt schon den Boden. Man macht die Reißleine los. Gleich sind wir unten, wir ducken uns alle zusammen — ein mäßiger Stoß, wir sind auf der Erde. Doch das große Ventil ist noch nicht offen; der Ballon schaukelt uns hin und her; es gelingt nun zwei Herren, das Ventil mit vereinten Kräften aufzureißen, und nun entleert sich der Ballon schnell, während der Anker der Segelwirkung der Ballonhülle festen Widerstand leistet. Ein Bauer kommt dahergelaufen und packt die Schleifleine. Wir verlassen den Korb. Ich ziehe meine Uhr heraus und erkenne mit Mühe — es ist schon ganz finster — daß es sechs Uhr ist. Wir fragen den Bauer, wo wir denn eigentlich sind. „Auf den Feldern von Depagny, Département de l'Aisne", heißt es.

Der nächste Ort ist Coucy-le-Château, 12 Kilometer von hier; von dort sind weitere 12 Kilometer nach der nächsten größeren

Eisenbahnstation, Chauny — der Stadt, deren Lichter wir gesehen haben. In der näheren Umgebung ist nicht einmal ein kleiner Ort. Wir müssen also vielleicht drei Viertelstunden gehen, bis wir überhaupt etwas zu essen bekommen. Und vorher müssen wir aber in der Finsternis — bei Sternenbeleuchtung — den Ballon zusammenlegen, das Netz und die Seile verwahren. Wir sind alle schon riesig hungrig. Eine wahre Wohltat sind jetzt die Schokoladetafeln des Herrn Vinet, der sie großmütig unter uns verteilt.

„Sehen Sie, sehen Sie", meint er, „ich habe ja gewußt, daß Sie meine Schokolade noch ganz gut werden brauchen können." Und er hatte wirklich recht.

Das Zusammenpacken des Ballons nahm hübsch viel Zeit, nämlich eine Stunde in Anspruch, denn erstens waren absolut keine Helfer zur Stelle — den Bauer hatten wir ausgeschickt, um uns womöglich einen Wagen zu holen, zweitens war es schon ganz finster, so daß man sich allein durch Umhertappen helfen mußte. Der Bauer kam zwar bald wieder zurück, aber — ohne Wagen! Wir beschlossen darum, unser Luftschiff allein auf dem Felde stehen zu lassen, aufzubrechen und im nächsten Dorf M. Béchade zurückzulassen, damit er dort übernachte und am nächsten Tage mit dem Ballon nach Paris komme.

Wir waren circa 100 Kilometer von Paris entfernt. $2^1/_2$ Stunden hat die Fahrt gedauert, das macht also 40 Kilometer in der Stunde.

„Ein ganz guter Gasmotor, so ein Ballon", meint einer der beiden Automobilisten, „ein Gasmotor ohne Explosionen."

„. . .Glücklicherweise!" fällt ihm der andere in die Rede.

Der Bauer führte uns nun in einen kleinen, vielleicht $^3/_4$ Stunden entfernten Ort, wo wir uns in einem Wirtshaus an Weißbrot, Butter und Käse delektierten, während er uns einen Karren besorgte. Mit diesem fuhren wir bis Coucy-le-Château, von dort mit einem anderen Wagen nach Chauny, wo wir um $^1/_2$ 12 Uhr nachts ankamen.

Der Zug sollte erst um 1 Uhr 3 Minuten gehen. Also $1^1/_2$ Stunden müssen wir warten. Einige begaben sich in den zu dieser geisttötenden Beschäftigung bestimmten Saal; ich ging ein wenig in der Vorhalle des Bahnhofes spazieren. Dort stand ein Automat. Nach Einwurf eines 10 Centimesstückes zieht man an dem rechts oben befindlichen Griffe, man sieht dann zwölf stereoskopische Ansichten von Biarritz. So hatten wir gleich einen Zeitvertreib für eine Viertelstunde.

Nachdem wir uns lang genug in Biarritz aufgehalten hatten, gingen wir ein wenig nach Chauny in die Stadt, in der Richtung, woher wir Musikklänge vernahmen. Wir gelangten in ein Gasthaus, wo gerade eine Tanzunterhaltung war. Wir schauten zu, doch noch bevor wir uns in dem übelriechenden Dunst akklimatisiert hatten, war die Geschichte aus; es wird eben dort um 12 Uhr gesperrt. Wir kehrten also langsam zu unserem Bahnhof zurück, warteten noch drei Viertelstunden und fuhren dann in einem fürchterlichen Rumpelkasten nach Paris, wo wir um 4 Uhr 5 Minuten anlangten. Chauny—Paris war so ziemlich der unangenehmste Teil der Fahrt.

Ihr erster Teil aber wird wohl in jedem unserer kleinen Gesellschaft schöne Eindrücke für immer hinterlassen haben — speziell den Dreien, die zum erstenmal oben waren, und die es für die „Lufttaufe" kaum besser hätten treffen können: MM. Béreau, Vinet und ich.

Wie ich später erfuhr, war der kleine „Caprice" um 4 Uhr 15 Minuten in Belloy bei Luzarches, der „Select" um 4 Uhr in Orry-la-Ville niedergegangen. Wir hatten also mit der „Lorraine" die weitaus längste Fahrt gemacht.

Eine Fahrt nach Graz.

Wien, 29. April 1901.

Eine sehr interessante Privatluftfahrt machten Dienstag den 23. April zwei Mitglieder des Aero-Klubs unter Führung des Herrn Hauptmanns Franz Hinterstoißer mit dem Ballon „Meteor".

Der „Meteor" ist bekanntlich der Ballon Sr. k. und k. Hoheit des Erzherzogs Leopold Salvator. Der „Meteor" wurde am 19. April eingeweiht, indem sein Eigentümer, der Erzherzog, und Herr Hauptmann Franz Hinterstoißer damit von Augsburg nach Bludenz fuhren. Der Ballon wurde von dort alsbald nach Wien transportiert. Kaum hier angelangt, wurde der „Meteor" zu seiner zweiten Fahrt gefüllt.

Zu dieser Auffahrt — der ersten des erzherzoglichen Ballons von Wien aus — waren drei Mitglieder des Aero-Klubs angemeldet, wovon jedoch eines wegen plötzlich eingetretenen Unwohlseins am Vortage der Fahrt absagen mußte. Es blieben demnach außer dem Führer, Herrn Hauptmann Hinterstoißer, nur zwei Teilnehmer übrig; Herr Regierungskonzipist Dr. Oskar F. und meine Wenigkeit. Durch den Ausfall der vierten Person ergab sich die Aussicht auf eine längere Luftreise, als ursprünglich projektiert war.

Darum beschlossen wir, schon zeitlich des Morgens, um 7 Uhr, wegzufahren und womöglich eine ausgiebige Tour zu machen.

24

Am 23. April begab ich mich also in aller Frühe, ausgerüstet mit dem nötigen Proviant, in die militär-aeronautische Anstalt beim Arsenal, um bei den Vorbereitungen zur Fahrt anwesend zu sein. Ich traf den Ballon schon aufgeblasen in der großen Halle an — er war bereits Montag nachmittag mit Leuchtgas gefüllt worden.

Bald darauf fand sich Herr Dr. O. F. ein, der offenbar auf eine tagelange Fahrt rechnete, denn der Proviant in seinem Korb war für mindestens eine Woche ausreichend.

Nachdem wir die Lebensmittel usw. in der bereitstehenden Gondel untergebracht, diese selbst mit einer Anzahl von Ballastsäcken beschwert hatten, wurde der Ballon an den Korb gekoppelt. Um 7 Uhr hieß es „Einsteigen!“, und nachdem der Ballon durch Regelung des Ballastes ausbalanciert war, wurden wir hochgelassen.

Der Ballon erhob sich um 7 Uhr 10 Minuten vom Boden. Wir hatten 22 Sandsäcke mit uns, und der Ballon hatte noch dazu einen hübschen Auftrieb. Der Wind wehte, wie wir schon früher an einigen Wolken beobachtet hatten, gegen Süden. Wir wurden infolgedessen, während wir uns ziemlich rasch von der Erde entfernten, gegen Laa getrieben. Den Laaerberg passierten wir um 7 Uhr 15 Minuten in einer Höhe von 500 Metern. Wir befanden uns nun in freier Luft und erblickten aus der circa 300 Meter hohen Dunstschicht herausragend die umliegenden Bergzüge, vor allem den noch reichlich mit Schnee bedeckten Schneeberg. Der Flug des Ballons war sehr langsam, und das Steigen hörte bei circa 550 Meter auf. Nach Auswurf einer geringen Menge Ballast kamen wir um $^{1}/_{2}$8 Uhr in 600 Meter Höhe und überquerten nun den Liesingbach.

Die hier angegebenen Höhen sind diejenigen, welche das Barometer unseres Führers anzeigte. Dr. F. hatte nämlich auch ein Barometer mit; dieses zeigte immer um 50—100 Meter mehr als das andere. Hauptmann Hinterstoißer meinte daher, daß wir uns nur nach seinem Barometer richten würden; daß dagegen

Dr. O. F.'s Barometer das richtige Instrument für die Zeitungsberichte, sozusagen das „Journalistenbarometer" sei.

Der Ballon setzte seinen Kurs in beinahe genau südlicher Richtung fort. Wir kamen um 7 Uhr 50 Minuten in einer Höhe von 650 Metern über Hennersdorf. Um 8 Uhr hatten wir 740 Meter erreicht und konstatierten auf dem Schleuderthermometer eine Temperatur von +5 Grad Celsius. Zugleich mag hier erklärt werden, warum jenes Instrument zur Messung der Temperatur „Schleuderthermometer" heißt; ganz einfach deshalb, weil es so unverläßlich zeigte, daß unser Ballonführer es gerne über Bord geschleudert hätte.

Nun dachten wir an ein Gabelfrühstück, das heißt, wir dachten nicht nur daran, sondern wir verzehrten alle Drei mit großem Appetit (und mit Wein) die von Dr. O. F. gespendeten Sandwiches. Während des Schmauses konnten wir unweit von uns, und zwar auf unserer linken Seite, den Laxenburger Park sehen. Um $^3/_4$9 Uhr erreichten wir 1000 Meter Höhe, während wir bei Pfaffstätten die Schwechat übersetzten. Bisher schien es, als wollte der „Meteor" geradeswegs auf den Schneeberg oder die Raxalpe zusteuern. Wir kamen nahe an Baden vorbei, doch nun wandten wir uns gegen Südost, nach der Ödenburger Richtung.

Begreiflicherweise wäre mir die Südrichtung lieber gewesen; eine Fahrt durch die Alpengegend gehört zu dem Schönsten, was man sich denken kann, und zudem ist eine Fahrt nach Süden oder Südwesten von Wien aus etwas sehr Seltenes. Da hätte ich gleich bei meiner ersten Wiener Fahrt was „Aparts für mich"! Zwischen Baden und Wiener-Neustadt liegt, wie unser Führer erklärte, eine kritische Gegend für die Luftschiffer. Dort pflegt sich nämlich der Wind zu entscheiden, ob er den ihm anvertrauten Ballon nach Osten oder nach Südosten, über Ödenburg tragen solle. In den seltensten Fällen gelangt man nach Süden oder gar nach Südwesten.

Nach 9 Uhr kamen wir in die Nähe von Trumau, wir hatten

uns dem Neusiedlersee, der durch die Nebelmassen schwach sichtbar wurde, bedenklich genähert. Sollten wir doch nach Ungarn kommen? Beinahe schien es, als würde uns der Wind den südlichen Teil des den Luftschiffern schier allzu bekannten Neusiedlersees übersetzen lassen, doch überlegte er sich's glücklicherweise noch, und wir fuhren von 9 bis 10 Uhr geradlinig über das Steinfeld auf Wiener-Neustadt zu. Um Wiener-Neustadt beschrieben wir sogar eine kleine Kurve nach Südwest. Um den Eindruck des unwirtlichen Steinfeldes in uns zu verwischen, frühstückten wir wieder. Das Frühstück erstreckte sich über Ziegelofen Schleinz hinweg bis gegen Baumgarten im Rosaliengebirge.

Es war nach und nach ziemlich kalt geworden. Die Sonne, die bei unserer Abfahrt schwach geschienen hatte, war durch einen dichten Schleier verdeckt. Um den Ballon langsam steigend zu erhalten, was Hauptmann Hinterstoißer stets anstrebte, mußten wir infolgedessen beständig kleine Mengen Ballast auswerfen. Als wir um $^1/_2$11 Uhr an Pitten und Seebenstein links vorbeifuhren, hatten wir eine Höhe von 1900 Metern erreicht.

Vor uns erhob sich, immer größer werdend, der Wechsel, und hinter ihm tauchte kulissenartig eine Bergkette nach der anderen auf. Leider war die Luft nicht klar; ein dünner Nebel durchsetzte sie und behinderte die Fernsicht. Um 11 Uhr 10 Minuten schwebten wir 2000 Meter ober Aspang. Indem wir 11 Uhr 40 Minuten den 1700 Meter hohen Kogelberg übersetzten, näherten wir uns beträchtlich dem Semmeringgebiet. Schneeberg, Rax und Schneealpe bildeten den hellen Hintergrund, von dem sich der Höhenzug des Semmerings, der Göstritz mit dem Otter, die Kampalpe usw. dunkel abhoben. Rechts, unweit vor uns, lag noch schneebedeckt das Stuhleck. Wir waren jetzt in Steiermark. Immer in südwestlicher Richtung ging's ziemlich rasch gegen Reinberg zu, das wir um 12 Uhr 10 Minuten erreichten.

Der Schneeberg blieb immer weiter zurück, der Semmering war längst verschwunden, und wir schwebten nun über der

„Buckligen Welt“. Ein merkwürdiger Anblick. Diese hunderte
von kleinen Bergen und Hügeln, die von oben noch flacher aussehen, als sie im Verhältnis zu der im Westen angrenzenden
Gegend schon sind, gestreift und gefleckt mit Feldern, Wiesen und
Wäldern, geben von 3000 Meter Höhe betrachtet ein ganz wunderbar buntes Bild. Um 12 Uhr 40 Minuten kamen wir über das
Lafnitztal, und um 1 Uhr 5 Minuten über den Ort Weiz. Mittlerweile war es empfindlich kalt geworden. Kein Wunder, denn wir
schwebten schon 3100 Meter hoch.

Da wir nur mehr sechs Säcke Ballast besaßen, mußten wir
an die Landung denken. Wir verfolgten unsere Richtung auf der
Karte und fanden ein ungemein günstiges Landungsterrain in dem
großen Felde südlich von Graz. Diese Stadt wurde übrigens
bald sichtbar. Es dauerte nicht lange, bis wir 3400 Meter hoch
über Maria-Trost unweit von Graz schwebten. Es war schon
recht kalt. Das Schleuderthermometer zeigte um $\frac{1}{2}$2 Uhr —
10 Grad Celsius.

Bei Maria-Trost trat zum erstenmal der photographische
Apparat des Hauptmanns Hinterstoißer in Aktion. Die Sonne, die
bisher dicht verdeckt gewesen, beleuchtete mit einigen schwachen
Strahlen den Wallfahrtsort, während ihn Hauptmann Hinterstoißer
auf der Platte fixierte. Um 1 Uhr 45 Minuten schwebten wir
senkrecht über Graz, das unser Führer gleichfalls photographisch
aufnahm.

Interessant waren die Wolkenbildungen, die rings um uns her
zu beobachten waren. Gegen Osten bildeten die weißlichen
Ballen und Fetzen ein ganzes Meer, dessen Rand von der Sonne
grell beleuchtet war. Über diesem Rand befand sich ringsum
ein schmaler Streif blauen Himmels, und darüber hob sich die
große schleierige Wolkenmasse ab, die den ganzen oberen Teil
des Firmamentes ausfüllte und wahrscheinlich in riesiger Höhe
über uns schwebte. Feiner Schnee rieselte herab.

In unserer Fahrtrichtung lagen hinter dem ausgedehnten Grazer

Feld die Koralpe und viele andere schneebedeckte Höhenzüge —
lauter schwieriges Terrain. Wir beschlossen daher, schon auf
dem Grazer Felde niederzugehen, obwohl wir uns vielleicht noch
eine Stunde lang hätten oben halten können. Wir warfen einige
Fahnen aus, um die Richtung des Erdwindes zu konstatieren, und
ließen uns langsam nieder. Im geeigneten Moment zog Hauptmann Hinterstoißer die Ventilleine, und bald waren wir über ein
Wäldchen hinweg auf eine hübsche Wiese herabgesunken. Um
den Fall zu bremsen, warf unser Führer zwei Säcke Ballast aus.
Die 150 Meter lange Schleifleine legte sich mit etwa der Hälfte
ihrer Länge auf den Boden und der Ballon blieb, vielleicht in
50 Meter Höhe, ganz ruhig stehen. Es wehte nicht der geringste
Wind.

Wir hätten jetzt, um die Landung rasch zu bewerkstelligen,
die Reißleine ziehen können, doch wollte unser Führer die seltene
Gelegenheit benützen, den landenden Ballon photographisch aufzunehmen. Hierzu war es natürlich notwendig, daß uns jemand
hinunterzöge, es ereignete sich aber der seltene Fall, daß niemand
kommen wollte. Ein Bauer, der gerade auf einem Felde nebenan
pflügte — nicht mehr als 60 Schritte von dem Seile entfernt —
war absolut nicht dazu zu bringen, seine Beschäftigung einen
Augenblick einzustellen und bei der Landung behilflich zu sein.
Nach einer Weile kamen aus einem nahe gelegenen Dorfe (Dobel)
eine Anzahl Leute hergelaufen, die sogleich das Herabziehen des
Ballons besorgten. Sobald wir unten angelangt waren, ließ Hauptmann Hinterstoißer einige von den Leuten in den Korb steigen,
während er selbst sich mit seinem photographischen Apparate
auf die Wiese begab, um einige Ansichten des gelandeten Ballons
aufzunehmen.

Auf die Weisung des Hauptmanns Hinterstoißer rissen wir
nun den Ballon auf — ein Moment, der gleichfalls auf der photographischen Platte fixiert wurde.

Die Verpackung des Ballons ging prompt vor sich, desgleichen der Transport des Ballons. Um 3 Uhr war alles in schönster Ordnung. Das nächste Dorf war das inmitten einer anmutigen Gegend gelegene Dobel. Dort hielten wir uns über eine Stunde auf, um zu telegraphieren, Ansichtskarten zu schreiben und, vor allem, uns gehörig zu stärken, zu welch letzterem Zwecke unter anderem auch die unerschöpflichen Vorräte des Dr. O. F. herhalten mußten; ganz vertilgt konnten sie allerdings nicht werden, trotz unserem Riesen-Luftschifferappetit.

Um $^1/_2$5 Uhr fuhren wir in die nächste Bahnstation, um uns zunächst nach Graz zu begeben, von wo aus wir dann mit dem Nachtschnellzuge nach Wien zurückfuhren. Mittwoch um $^3/_4$7 Uhr früh waren wir wieder daheim.

Unsere Fahrt nach Graz ist nicht nur an und für sich eine schöne Reise gewesen; sie ist insbesondere bemerkenswert wegen des seltenen Windes, der uns gegen das Semmeringgebiet führte. Die ganze vom Ballon zurückgelegte Strecke beträgt ungefähr 160 Kilometer in der Luftlinie gemessen; die Luftschiffer müssen sich übrigens genauer ausdrücken und jene Linie als „gerade Luftlinie" bezeichnen, denn für sie gibt es, insbesondere solange das lenkbare Luftschiff nicht erfunden ist, auch krumme und gebrochene Luftlinien. Unsere mittlere Geschwindigkeit war ziemlich gering; sie betrug nämlich nur 22 Kilometer in der Stunde, obgleich wir streckenweise mit einer Schnelligkeit von vielleicht 60 bis 80 Kilometer fuhren. Daß ich beim Heruntergehen des Ballons und auch lange Zeit nach der Landung einen ganz abnorm starken Druck in den Ohren verspürte, ist mehr von individuellem Interesse, wogegen als ein bemerkenswerter Umstand die ungemein glatte Landung hervorzuheben ist.

Mit einem Wort, die Fahrt war in vielen Beziehungen so lohnend, wie man sich's nicht besser wünschen konnte. Ein kleiner Rekord ist mit dieser Privatfahrt nun einmal aufgestellt. Wann werden ihn die Herren vom Aero-Klub schlagen? Hoffentlich recht bald!

Die erste Fahrt des Aero-Klubs.

Wien, 11. August 1901.

Freitag, den 9. August fand die erste Auffahrt des Wiener Aero-Klub von dessen Ballonplatz im k. k. Prater aus statt, nachdem die Eröffnungsfahrt am vorhergegangenen Freitag wegen des unsicheren Wetters sowie wegen des verspäteten Eintreffens des Materials hatte abgesagt werden müssen. In der dazwischen liegenden Woche war der Ballon mit Luft aufgeblasen in seiner Halle gelegen, um einerseits genau untersucht, andererseits ausgiebig ventiliert und drittens auf seine Gasdichtigkeit geprüft zu werden.

Als ich Donnerstag, den 8. August den Ballon besichtigte, zeigte sich, daß er nur einen verhältnismäßig kleinen Teil der Luft verloren hatte, also daß der Stoff bezüglich Dichtigkeit, wie es scheint, nichts zu wünschen übrig läßt. M. Carton, unser französischer Führer, bekam den Auftrag, den Ballon, der, nebstbei bemerkt, bisher noch namenlos ist, zu entleeren und am nächsten Tag für die Füllung vorzubereiten. Dies geschah, und als ich Freitag um 1 Uhr nachmittags auf den Platz hinunterkam, lag der Ballon schon auf dem südöstlichen Füllungsplatz ausgebreitet, mit dem Netz überdeckt, von den Sandsäcken umstellt, den Appendix mit dem Gasrohr verbunden, kurz, zur Füllung vollkommen bereit. Nun sollte ein kleiner Füllversuch gemacht werden. Der Klubplatz besitzt nämlich Gaszuleitungsrohre und Mündungen von einem

31

Kaliber, wie sie noch nie in Verwendung gestanden sind. „Canons des Boers“ nennt sie M. Carton. Andererseits hieß es, das Gas hätte wenig Druck — mit einem Wort, die Sache mußte vor allem ausprobiert werden. Der Bedienstete vom städtischen Gaswerk drehte den Wechsel auf. Geräuschvoll strömt das Gas durch das mächtige Rohr und im Nu hebt sich der Ballon beträchtlich, so daß es den Manipulierenden kaum möglich ist, mit dem Tieferhängen der Sandsäcke und mit dem Glätten der Ballonhülle nachzukommen. Die Rapidität der Füllung übertraf also alle Voraussicht. Wohlweislich wurde nun der Gaszuströmung Einhalt getan, und nach einer längeren Mittagspause wurde die Füllung mit einem kleinen Bruchteil der früheren Gasstromstärke fortgesetzt.

Um vier Uhr war der Klubplatz schon von einer Anzahl von Gästen besucht, die der Füllung beiwohnen wollten. Auch ein Photograph von der Firma Lechner hatte sich eingefunden. Der Ballon, und zugleich auch der Ballonplatz, füllten sich ziemlich rasch. Vor 5 Uhr war die Füllung beendet, obwohl der Wechsel der Gaszuleitung nur bis auf ungefähr ein Achtel seiner vollen Stärke aufgedreht war. Man ersieht daraus, wie schnell man füllen könnte, wenn man wollte. Einen Ballon von 1200 Kubikmeter, wie den unsrigen, in viel weniger als einer Stunde zu füllen, ist freilich nicht ratsam, und darum wird immer mit einer beträchtlichen Sperrung gearbeitet werden.

Die Abfahrt verzögerte sich noch ein wenig. Um 5 Uhr wurde die Gondel mit ihren acht Seilen am Ballonring befestigt, und kurz vor $^1/_4$6 stiegen der Führer, M. Carton, und die drei Passagiere, Regierungskonzipist Dr. Oskar F., Mr. Benzin und ich, in den Korb. Der Präsident und Fahrwart Victor Silberer übernahm jetzt selbst das Kommando. Er ließ den Ballon durch Vermehrung oder Verminderung des Ballastes sorgsam ausbalancieren. Als wir den richtigen Auftrieb (vielleicht 15 kg) hatten, ertönte um 5 Uhr 20 Minuten das definitive „Los!“, und wir entschwebten sanft der Erde.

Rotunde, Westportal.

Höhe ca. 100 m.

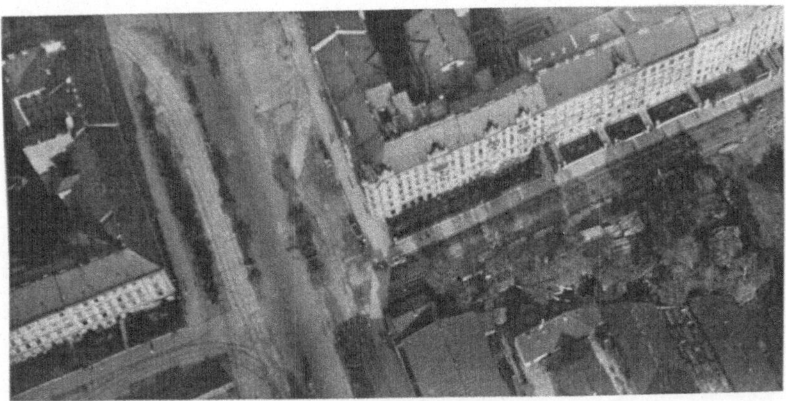

Häuserfassade, Ausstellungsstraße.

Höhe ca. 150 m.

Eine leichte nordwestliche Luftströmung erfaßte uns. Wir kamen über die gefürchteten Hindernisse, die Bäume des Klubplatzes, schön hinweg und flogen unter (eigentlich über) den allgemeinen Hochrufen der im Prater versammelten Erdbewohner, die Rotunde rechts lassend, der Donau zu. Wir führten sieben Säcke Ballast mit uns; das macht, wenn man den Sack mit 18 kg rechnet, 126 kg. Bald waren wir 300 Meter hoch. Ich warf einige Papierschnitzel aus, die durch ihr mäßig schnelles Sinken anzeigten, daß wir langsam stiegen. Um uns nun eine genauere Orientierung zu verschaffen, wollte ich meine Karten der Umgebungen Wiens hervorziehen. Ich suchte meine Handtasche; doch vergeblich. Sie war vergessen worden. Welches Malheur! Diese Tasche mit den Karten und noch anderen nützlichen Gegenständen — vergessen!.. Doch ich tröstete mich nach und nach. Ein Barometer hatten wir so wie so, Papierschnitzel hatte ich im Sack, für den Proviant hatte Herr Dr. O. F. in bekannter vorzüglicher Weise gesorgt, Mr. Benzin, der eifrige Automobilist, kannte sich in der Gegend, wohin wir fuhren, sehr gut aus, und schließlich war es sehr warm, so daß ich den gleichfalls vergessenen Überzieher leicht verschmerzen konnte. Er ist dadurch nur geschont worden; denn das Schicksal der Überröcke im Ballon ist ja, wenn anders man sie nicht anzieht, nur, daß darauf während der ganzen Fahrtdauer herumgetreten wird. Also nehme man entweder keinen oder einen Überzieher von dauerhafter Qualität und älteren Datums auf Fahrten mit.

Wir schwebten längs der Donau hin. Ungefähr beim „Spitz", wo der Kanal in die Donau mündet, trafen unseren Ballon einige Strahlen der bisher verdeckt gewesenen Sonne. Der Ballon stieg infolgedessen in eine höhere Luftschichte, wo die Windströmung eine mehr südliche Richtung hatte. Wir wurden dadurch von der Donau weggetrieben.

Um 5 Uhr 44 Minuten waren wir nur mehr in 250 Meter Höhe. Hier mußte M. Carton zum erstenmal eine beträchtlichere

Menge Ballast auswerfen, nachdem er bisher nur ein paar Handvoll verbraucht hatte. Nun wurde die 100 Meter lange Schleifleine hinabgelassen. M. Carton wurde bei dieser etwas langwierigen Arbeit von Dr. O. F. und Mr. Benzin unterstützt, während ich den Journaldienst versah. Um 5 Uhr 49 Minuten bekamen wir in einer Höhe von 750 Metern wieder den schon genannten oberen Wind. Unser zweites Maximum, 760 Meter, erreichten wir um 5 Uhr 52 Minuten. Um 6 Uhr befanden wir uns unweit südwestlich von Fischamend, in 725 Meter Höhe. Bald passierten wir Himberg und kamen dann um 6 Uhr 5 Minuten in einer Höhe von 800 Metern nach Ebergassing. Hier begannen wir mit der Eröffnung der mit Sandwiches gefüllten Blechbüchsen und der Flaschen, mit denen Herr Dr. O. F. uns versorgt hatte. Während der Jause kamen wir ins Sinken. Durch vorsichtiges Auswerfen brachte uns M. Carton wieder zu mäßigem Steigen, so daß wir um 6 Uhr 20 ein neues Maximum, nämlich 900 Meter erreichten. In dieser Höhe blieben wir nicht lange. Die Abnahme der Wärmestrahlen machte sich fühlbar, als die Sonne sich wieder hinter einer Wolkenbank verbarg. In der unteren Luftströmung (600 Meter hoch) steuerten wir geradeswegs auf den Neusiedlersee zu. Jenseits des Sees sah es nicht einladend aus. Es ging dort scheinbar ein Gewitter nieder (wahrscheinlich dasjenige, welches zwischen 2 und 3 Uhr über Wien gewesen war), und den sumpfigen Boden bedeckten große Lachen. Vom See trennten uns ziemlich breite, stark bewaldete Erhebungen, es war das Leithagebirge. Wir befanden uns um 6 Uhr 30 Minuten über den großen Steinbrüchen in der Gegend von Rust.

Kurz vorher hatten wir das 50 Meter lange Ankerseil hinabgelassen; wie eine Schlange rollte es sich um die Schleifleine, was bei neuen Seilen schwer zu vermeiden ist. Bei dem ruhigen Wetter war dieser Umstand übrigens absolut nicht von Bedeutung.

Unter den Passagieren wurde nun lebhaft darüber diskutiert, ob wir über den breiten Wald kommen würden oder nicht. Wie

die Tatsachen zeigten, war für die Überquerung des Waldes nur
eine kleine halbe Stunde nötig, und der Ballastverlust, den wir
wegen der Abkühlung über dem Wald erwarteten, war gar nicht groß.

Um 7 Uhr 2 Minuten, in einer Höhe von 300 Metern, war es
hoch an der Zeit, darüber zu beraten, ob wir den See überqueren
oder vor dem See landen sollten. M. Carton entschied die Frage
einfach, aber gründlich dadurch, daß er den Ballon durch Auswerfen von Ballast in die erwähnte obere Luftströmung brachte,
worauf sich unser Aerostat sogleich in mehr südlicher Richtung
bewegte, gerade auf die südwestliche Ecke des Sees zu.

Die Stunde war schon vorgeschritten. Wir wurden Zeugen
eines prächtigen Sonnenuntergangs. Gleich einem chinesischen
Lampion tauchte der rote Ball am Horizont ins Nebelmeer der
Wienerstadt, um darin bald zu erlöschen.

1500 Meter hoch bewegten wir uns immer weiter gegen
Süden. Um $\frac{1}{2}$ 8 Uhr passierten wir die südwestliche Ecke des
Neusiedlersees, fuhren, der unteren, mehr östlichen Windrichtung
Rechnung tragend, noch etwas weiter und suchten dann ein geeignetes Landungsterrain. Ein solches war leicht zu finden. M. Carton
zog mehrmals kurz das Ventil und brachte den Ballon in etwa
50 Meter Höhe „auf der Schleifleine" ins Gleichgewicht, um uns
eine kurze Schleppfahrt zu zeigen. Wir hatten noch genug Ballast,
um 1—2 Stunden weiterzufahren, doch da es schon dunkelte, zog
M. Carton bald nochmals das Ventil und warf den Anker aus.
Die Ventilleine wurde jetzt nicht mehr ausgelassen. Nach zwei
kleinen Sprüngen kam der Ballon zur Ruhe. Ein herbeigeeilter
Bauer ergriff den Anker; andere Leute wurden zum Korb gerufen.
Der Ballon war bald soweit entleert, daß er sich zur Erde neigte.
Mittlerweile hatte sich aus dem nächsten Dorf ein zahlreiches
Publikum um uns versammelt, und unter großer, eigentlich zu
großer Assistenz ging die vollständige Entleerung des Ballons, das
Zusammenlegen und die Verpackung vor sich.

Wir waren um 7 Uhr 55 Minuten gelandet, und zwar, wie

wir von den Bauern erfuhren, auf einem ausgetrockneten Teile des Neusiedlersees, 70 Kilometer von Wien. Das nächste Dorf war Holling.

Ein Bauer holte uns von dort einen Leiterwagen, und mit diesem fuhren wir zunächst nach Holling, von dort nach dem Bade Wolfs, 7 Kilometer von Ödenburg. In Wolfs übernachteten wir und fuhren am nächsten Morgen nach Ödenburg, um dort um 7 Uhr 23 Minuten in den ersten Wiener Zug einzusteigen.

Samstag um 10 Uhr vormittags waren wir wieder in Wien, sehr befriedigt von der hübschen Fahrt, von dem Ballon sowie auch von unserem liebenswürdigen und geschickten Führer, M. Carton.

H. Silberer.　　Donau und Reichsbrücke.　　Wien 1901.

Höhe ca. 180 m.

Von Wien nach Slavonien.

Wien, 16. August 1902.

Kaum von der ersten Klubfahrt zurückgekehrt, verabredeten zwei der Teilnehmer, Mr. Benzin und ich, eine zweite Fahrt für Dienstag, den 13. August. Da wir möglichst weit kommen wollten, beschlossen wir, diesmal mit dem Führer nur zu Dritt aufzufahren, und zwar schon um 7 Uhr früh.

Die Vorbereitungen zu der Fahrt gingen ganz planmäßig von statten, und am festgesetzten Tage fanden wir uns — Mr. Benzin und ich — um $^1/_2$7 Uhr morgens auf dem Klubplatze ein, um der Füllung beizuwohnen oder eventuell früher als zur verabredeten Stunde aufzufahren. Indes war die Füllung lange nicht so weit vorgeschritten, als wir dachten. Wir halfen also noch fest mit und ließen, um die Füllung rascher zu beenden, den Gaswechsel um die Hälfte weiter aufdrehen. Hier zeigte sich der Vorteil unseres mächtigen Gaszuleitungsrohres. Am Beginn der Füllung arbeitete man mit starker Absperrung, und jederzeit kann man dann die Gaszufuhr beliebig steigern. Um 7 Uhr war es freilich noch nicht möglich abzufahren. M. Carton, unser Führer, zog es sogar vor, später aufzusteigen. Die Reisenden stiegen ein, und der Ballon wurde nun ausbalanciert. Um 8 Uhr 4 Minuten hieß es „Los!" und wir stiegen mit einem Auftrieb von etwa 15 kg in die Lüfte.

Wir führten 13 Säcke Ballast (ungefähr 230 kg.) mit uns.

Der Wind trieb uns in eine ähnliche Richtung wie bei der ersten Fahrt. Um 8 Uhr 18 Minuten flogen wir in einer Höhe von 600 Metern über Schwechat hinweg. Wir begannen hier ein wenig zu sinken, so daß wir Schwadorf in 400 Meter Höhe passierten. Wir ließen Ebergassing rechts liegen und fuhren um 8 Uhr 41 Minuten gerade über Götzendorf weg. In einer Höhe von 625 Metern hatten wir eben die Kaisersteinbrüche erreicht, als wir entferntes Grollen, wie von einem Gewitter, hörten. Das dumpfe Getöse dürfte aber wahrscheinlich von Kanonen hergerührt haben, denn von einem Gewitter war weder in jenem Moment noch später etwas zu sehen. Die Wolken, die am Himmel standen, hatten keineswegs den Charakter von Regen- oder Gewitterwolken.

Einige Minuten nach dieser Beobachtung waren wir unweit links von Au. Beim Passieren des Leithagebirges kamen wir beträchtlich ins Sinken, was einerseits durch den Wald, anderseits durch Verschleierung der Sonne bewirkt wurde. Wir sanken auf 200, auf 150, auf 100 Meter, so daß sich die — schon früher herabgelassene — Schleifleine auflegte. Wir machten nun bei frischem Wind eine kurze, aber sehr lustige Schleppfahrt. Die in der Nähe beschäftigten Bauern glaubten, wir wollten landen (so eine Idee! mit 12 Säcken Ballast!); sie ließen sämtlich ihre Arbeit stehen und einer von ihnen hätte sogar die Schleifleine erfaßt, wenn wir ihn nicht rechtzeitig davon abgehalten hätten. Hasen und Hühner flohen vor uns, und das Gesinde der Bauernhöfe starrte uns erstaunt an. M. Carton warf wiederholt Sand aus, aber nicht sehr viel, denn wir mußten gleich in eine sonnige Gegend kommen. Um 9 Uhr 8 Minuten hatten wir wieder 200 Meter Höhe erreicht und besaßen noch $11^{1}/_{2}$ Säcke Ballast. Die Sonne brachte den Ballon bald zu weiterem Steigen, und als wir, nachdem wir Oka und Rust passiert hatten, über den Neusiedlersee unsern Weg nahmen, schwebten wir schon 1000 Meter hoch.

Wir übersetzten den See in seiner längsten Ausdehnung.

Unterdessen ließen wir das Ankerseil hinab, was diesmal viel besser von statten ging als das vorige Mal, weil es jetzt keine Neigung zum Rollen mehr zeigte. Wir waren 1200 Meter hoch, als wir die Mitte des Sees erreicht hatten. Der Ausblick von dort oben war überaus interessant. Lange konnten wir ihn allerdings nicht genießen, denn der Wind, der jetzt ziemlich heftig ging, trieb uns rasch übers südliche Ufer des Sees in das eintönige ungarische Flachland. Der nun folgende mittlere Teil unserer Reise war wohl das am wenigsten anregende Stück. Die Ebene bietet beinahe immer ein und dasselbe Bild. In den Wiesen, Feldern und Straßen ist keine Abwechslung. Die Ortschaften sehen alle einander gleich. Nachdem wir die Eisenbahnlinie von Fertö-Szent-Miklós passiert hatten, wurde die Orientierung schwierig, und bald verloren wie sie gänzlich.

Die Hitze wurde jetzt sehr groß. Um 10 Uhr 45 Minuten kamen wir über einen Fluß, in welchem zahlreiche Pferde badeten; beneidenswerte Tiere! Den Fluß hielten wir zuerst für die Rabnitz, denn daß wir so rasch bei der Raab sein konnten, wie es sich später herausstellte, das hatten wir nicht für möglich gehalten. Der Wind war ganz beträchtlich, auch gab uns M. Carton schon die nötigen Anleitungen, wie wir uns bei einer bewegten Landung zu verhalten hätten.

Um 11 Uhr begannen wir wieder stark zu sinken; unter fortgesetztem Ballastauswurf kamen wir bis auf 200 Meter herunter, an 'einem Dorf vorbei, dessen Bewohner bei unserem Anblick in einen förmlichen Aufruhr gerieten.

Es war ungemein komisch, der Massenwanderung auf sämtlichen Straßen zuzusehen. Die Leute glaubten wahrscheinlich, wir seien im Begriff zu landen, und ein großer Teil versuchte uns nachzulaufen. Im Nu waren wir aber weit weg, und der Ballon erhob sich nach und nach wieder. Um $\frac{1}{4}$1 erreichten wir unser drittes Maximum, 1800 Meter.

Schon etwas früher war vor uns in der Ferne ein dunkler

Streif aufgetaucht, hinter dem sich eine nebelhafte weiße Fläche
ausbreitete. Wir vermuteten, daß das Dunkle der Bakonyerwald,
die weiße neblige Masse der Plattensee sei. Die Annahme be-
stätigte sich. Um $\frac{1}{4}1$ Uhr sahen wir den See schon ganz deutlich; der Ballon steuerte gerade auf dessen westliches Ufer zu.
Mit der „Aussicht auf den See" nahmen wir unser Mittagmahl
ein. Das Essen bestand diesmal in einer von Mr. Benzin gut
getroffenen Auswahl von Konserven.

Während des Mahles fuhren wir über eine schöne größere
Stadt: Keszthely, hinweg. Hierauf überquerten wir das Ende des
Sees, Kis Balaton rechts liegen lassend.

In der Ferne von Balaton-Szent-György fingen wir wieder an
zu sinken und hatten dann in der geringen Höhe von 400 Meter
Gelegenheit, die Sümpfe in der Nähe des Plattensees in näheren
Augenschein zu nehmen. Die Sümpfe sehen von weitem einer
flachen saftigen Wiese, also schönem Landungsterrain ähnlich. Nur
wenn man sie gegen die Sonne besieht, verrät sich ihr tückisches
Wesen. Überall spiegelt sich da durch das hohe Schilf und die
Sumpfgräser die Sonne im Wasser.

Bald sanken wir noch tiefer. Das Minimum war diesmal
280 Meter; von da brachten wir uns durch Auswerfen von Ballast
so vorsichtig auch damit umgegangen wurde, auf 2600 Meter,
ein neues Maximum. Das beträchtliche Schwanken und das rasche
Zunehmen der Maximalhöhen ist hauptsächlich der wechselnden,
trügerischen Sonnenstrahlung zuzuschreiben. Um $\frac{3}{4}2$ Uhr er-
wärmte die Sonne sehr stark das Gas und vermehrte unseren
Auftrieb.

Um diese Zeit bot sich uns auch ein herrlicher Anblick. Vor
uns und rechts von uns lagerten ungeheure Wolkenmassen, im
oberen sonnenbeschienenen Teil blendend weiß, heller als Schnee-
berge, und mit wildromantischen dunklen, nebligen Klüften dazwischen. Die Massen ruhten nicht, sondern waren in einem
wechselnden, wogenden Spiel begriffen. Während von unten neue

graue Massen hervorstiegen, zerflossen die schneeigen Ballen im Azur des Himmels. Türme und Wälle, die zuerst auf uns zu stürzen schienen, lösten sich plötzlich in nichts auf. Weiter rechts, auf der Sonnenseite, bildeten wunderbare Wolkenberge um uns einen Halbkreis. Ihre dunklen Körper waren von gleißenden Säumen umgrenzt, die sich von dem sanften Ton des Firmamentes mit einer unbeschreiblichen Kraft abhoben. Dieses prachtvolle Bild konnten wir eine halbe Stunde genießen, dann kamen wir wieder in tiefere Regionen. Wir bemerkten, daß oben ein viel frischerer Wind blies. Ganz unten war, wie wir durch Auswerfen von Papierfahnen konstatierten, der Wind am schwächsten.

Bezüglich unserer Orientierung konnten wir nicht viel unternehmen. Wir warteten nur immer sehnsüchtig auf die Drau, und richtig, um 2 Uhr 48 Minuten wurde sie sichtbar.

Da der Ballon wieder stark zu sinken begann, wurde beträchtlich viel Ballast ausgeworfen. Wir stiegen auf 3000 Meter und gerieten diesmal in eine Luftströmung, die uns von der bisher geradlinigen Bahn ein wenig östlich ablenkte. Unser Lauf wurde nun immer langsamer. Es dauerte lange, bis wir über die Drau kamen. Da, in 3600 m Höhe, war der Ballast bis auf zwei Säcke verbraucht. Wir mußten landen. M. Carton ließ den Ballon sanft sinken, indem er den Fall durch genau berechnetes Auswerfen von Sand milderte. Wir glaubten auf eine Waldwiese herunterzukommen, doch wir kamen nicht ganz zu der Lisiere des Waldes, über dem wir schwebten. Vielleicht 100 m vom Waldessaum senkten wir uns auf die Bäume und kamen auf den beiden Leinen ins Gleichgewicht. Eine Schleppfahrt begann, sie war aber mangels Wind auch gleich beendet. Durch kleine Manöver mit Schleifleine und Ankerseil brachte uns M. Carton bis etwa 25 m an den Waldsaum. Aber weiter ging's nicht. Nun warf unser Führer die leeren Sandsäcke aus, die ein Gewicht von 5 kg repräsentieren, und verwandelte das Ankertau, das als solches nicht zu brauchen war, in eine Schleifleine, indem er das Ende vom Anker losmachte.

Durch diese Kniffe gelang es, den Ballon bis über die genannte Wiese zu bringen, die sich jedoch als ein sehr heimtückisches Terrain für das Zusammenlegen des Ballons entpuppte. Die von oben wiesenartig aussehende Fläche war nämlich über und über mit Baumstrünken und vielästigem niederen Strauchwerk bedeckt. Über diesem Terrain kamen wir in einer Höhe von höchstens 20 m in Stillstand. Unter uns befand sich gerade eine sehr ungünstige Stelle, während wir 50 Schritte von uns eine Straßenkreuzung bemerkten, wo wir wenigstens ein Stückchen glatten Bodens zur Verfügung gehabt hätten. Wir beschlossen zu warten, bis an der Straße unweit von uns Leute vorbeikämen, die uns am Schleifseil bis zu jener halbwegs geeigneten Stelle transportieren würden. Längere Zeit kam niemand. Wir begannen zu rufen. Da plötzlich hörten wir einen Wagen kommen. Richtig, aus dem Walde kam in gemächlichem Tempo, gar nicht weit von uns, ein Wagen. Wir riefen sofort den Kutscher an. Er bemerkte uns auch gleich und sah uns erstaunt an, ohne indes sein Gefährt zum Stillstand zu bringen. Auf unser wiederholtes Rufen und Tücherschwenken hielt er seinen Wagen an und schaute unablässig zu uns herauf. Nachdem er uns genugsam gemustert hatte, setzte er ruhig seinen Weg fort — wie man sich vorstellen kann, zu unserem größten Ärger. Wir glaubten in der Nähe einige menschliche Gestalten zu bemerken, aber trotz unserem Rufen und Schreien kam niemand. So beschlossen wir denn, ohne fremde Beihilfe zu landen. M. Carton zog das Ventil, und zwar so wenig, daß wir auf dem Boden gerade ins Gleichgewicht kamen. Es war 5 Uhr 49 Minuten, als wir die Erde berührten. Ich bekam nun die Weisung, aus der Gondel zu steigen und mich mit meinem Gewichte fest daran hängend, sie (respektive den ganzen Ballon) bis zu der Straßenkreuzung zu transportieren. Auf dem halben Weg dahin wurde nach einem neuerlichen Ventilzug Mr. Benzin aus dem Korb entlassen, um mir beim Transport zu helfen. Ohne Schwierigkeit brachten wir den Ballon an die gewünschte Stelle.

Dort entleerten wir ihn zum Teile, so daß er sich nicht mehr vom Fleck rühren konnte.

Als wir soweit waren, ging Mr. Benzin Leute holen. Er fand die Gesuchten hinter Sträuchern wohl verborgen, wie sie aus ihrem Versteck den Ballon aufmerksam beobachteten. Durch irgend welche Zeichen machte er ihnen klar, daß wir sie für ihre Hilfe bezahlen würden. Da kamen sofort ein Dutzend Mann, und nun ging's an die Entleerung des Ballons. Mit vieler Mühe, denn die guten Slavonier benahmen sich furchtbar ungeschickt, gelang uns die Entleerung des Ballons und die Verpackung des Materials. Wie wir später von einem Bahnwärter, der ein wenig Deutsch verstand, erfuhren, hatte er unseren Ballon sogleich bemerkt und den in der Nähe arbeitenden Leuten gesagt, es sei ein Militärballon, und sie sollten sich ja nicht unterstehen, in die Nähe des Ballons zu gehen, sonst würden sie allesamt eingesperrt. Als wir denselben Mann darüber befragten, was er sich denn gedacht habe, wie wir so stark nach Hilfe gerufen hatten, und warum er da nicht gekommen sei, antwortete er: „Gehört hob' ich schon, ober ich dochte, es wor nur Lustborkajt".

Der von uns gleich bei der Ankunft der Leute bestellte Wagen ließ nicht lange auf sich warten. Die Materialien wurden aufgeladen, und wir selbst gingen zu Fuß zu dem nächsten Bahnhof, fünf Kilometer westlich von der Landungsstelle. Diese selbst gehört, wie der Bahnwächter uns sagte, zur XV. Waldtafel der gräflich Majlathschen Herrschaft bei Martince, Veröczer Komitat, Slavonien. Die Bahnstation ist Čadjavica, unweit Noskovce.

Erst bei vollster Dunkelheit kamen wir in Čadjavica an. Der Ballon war schon da, als wir anlangten, und bald kam auch unser Zug. Wir fuhren über Noskovce die ganze Nacht hindurch nach Budapest; von dort mit einem guten Eilzug über Bruck nach Wien, wo wir um 2 Uhr nachmittags wohlbehalten ankamen.

Wie ich nachher auf einer Karte feststellte, hatten wir in den $9^3/_4$ Stunden 290 Kilometer (Luftlinie) beinahe geradlinig zurück-

gelegt. Nur gegen das Ende der Reise hatten wir eine schwache
S-förmige Krümmung gemacht, da wir in den obersten Regionen
etwas östlich, dann bei der Landung unten wieder südlich getrieben
worden waren.

Die Fahrt nach Čadjavica ist bei weitem die interessanteste
von den vier Fahrten gewesen, die ich bis jetzt mitgemacht habe.
Sie bildet vorläufig einen ganz hübschen Rekord unseres Klubs.

Blick auf die Donau.

Höhe ca. 180 m.

Eine Fahrt mit dem Gewitter.

Wien, 23. August 1901.

Die dritte Klubfahrt sollte in ähnlicher Weise vor sich gehen wie die zweite. Es waren wieder zwei Passagiere angemeldet, die Auffahrt war wieder für den frühen Morgen angesetzt, und die Reise sollte möglichst lang in den Nachmittag hinein ausgedehnt werden. Die Gemeldeten waren Herr Dr. Franz Haiser und ich. Wir zwei und M. Carton trafen uns noch am Vorabend — es war Montag den 19. August — im Hotel Continental, um dort über alles Nötige zu beratschlagen.

Dienstag früh fand ich mich um halb 7 Uhr auf dem Klubplatz im Prater ein, beladen mit Proviant für den ganzen Tag und mit einer Unmenge von Landkarten. Als ich dort ankam, war ich über die Windrichtung noch immer nicht im klaren, obwohl ich während der ganzen Fahrt hinunter immer die Luftströmungen beobachtet hatte. Der Wind schien einmal nordwestlich, dann wieder südöstlich zu gehen, hie und da sah ich eine Wolke rein nördlich ziehen, einzelne Wolkenstreifen zeigten die Richtung nach Osten, der Rauch bewegte sich zumeist nach Nordwest. Keinesfalls war der Wind sehr stark. Es bestand also nicht die Aussicht auf eine besonders weite Fahrt; dagegen glaubte ich, daß das Wetter für eine lang andauernde Fahrt günstig sei, denn der Himmel war ziemlich rein blau und ließ scheinbar ruhiges Wetter mit beständigem Sonnenschein erwarten.

In Anbetracht der veränderlichen Windrichtung nahm ich Karten für alle möglichen und unmöglichen Fälle mit. Ein Versuchsballon, den wir vor Abfahrt des großen Ballons steigen ließen, ging beinahe senkrecht empor und trieb dann langsam nach Nord-Nord-Ost.

Um halb 8 Uhr war unser „Jupiter" gefüllt. Bald waren die letzten Vorbereitungen beendet. Um 7 Uhr 45 Minuten ertönte das definitive „Los!"

Wir stiegen mit einem ungemein schwachen Auftrieb und mit einem Ballastvorrat von 16 Säcken (etwa 280 kg) auf. Ganz knapp ließen wir uns über den nächsten Baum hinschweben, um ja nicht zu hoch zu kommen. Der Ballon ging in westsüdwestlicher Richtung aus dem Ballonplatze hinaus und schien über Wien fliegen zu wollen. Wir kamen aber nicht höher als 30 Meter, und da der Ballon keine Tendenz zum weiteren Steigen zeigte, warf M. Carton noch ein ganz wenig Ballast aus. In 50 Meter Höhe kehrte der Ballon plötzlich wieder um: er ging dorthin zurück, woher er gekommen war. Langsam flogen wir über den Ballonplatz hinweg und begrüßten unsere Leute wieder, von denen wir uns eben verabschiedet hatten. Kaum waren wir aber über den Platz drüben, als wir schon wieder in die untere Strömung gerieten. Von neuem wurden wir über den Ballonplatz gegen den Wurstelprater getrieben, von neuem schlug der Ballon dann über 50 Meter Höhe die nordöstliche Richtung ein. Um diesem Spiel ganz nahe der Erde ein Ende zu machen, warfen wir jetzt etwas mehr Sand aus und zogen bald darauf 200 Meter hoch über den Wasserturm bei der Rotunde gegen die Donau hin, die wir um $7^h 55$ übersetzten. Der Ballon ging in rein nordöstlicher Richtung, während vorher der kleine Versuchsballon nach Nord-Nord-Ost gezogen war. Die vielen verschiedenen Windströmungen bezeichnete M. Carton als die Vorboten eines Gewitters, und er hatte recht.

Die Aussicht war nichts weniger als rein. Ein ziemlich dichter

Dunst lagerte auf der Erde, auch außerhalb der Stadt selbst. Der Dunst erstreckte sich bis in eine Höhe von mindestens 500 Metern. Um 8^h 05 waren wir in der Nähe von Stadlau, um 8^h 12 flogen wir genau über Aspern hinweg, und als wir bald darauf Eßlingen erreichten, begannen wir langsam zu sinken. Wir warfen ein wenig Ballast aus und kamen dann in einer Höhe von 300 Metern nördlich von Groß-Enzersdorf vorbei. Als der Ballon neuerlich zu sinken begann, beschlossen wir, da wir das Schleifseil schon abgerollt hatten, den Ballon einfach zur Erde zu lassen und ihn auf dem Seil ins Gleichgewicht zu bringen, um ohne Ballastverlust die Sonne abzuwarten. Doch wir hatten die Rechnung ohne den Wirt gemacht. Der Wirt waren in diesem Falle einige Leute von Groß-Enzersdorf, die es darauf abgesehen hatten, uns aufzuhalten. Es waren Leute jenes Schlages, die man in Wien „Pülcher" nennt. Bei dem schwachen Winde hatten die unangenehmen Kerle, deren größtes Vergnügen es schien, uns in gelinde Verzweiflung zu bringen, leichtes Spiel. Ihrer Zwei konnten den Ballon leicht aufhalten. Sie hielten das Seil fest, und wir standen nun hilflos da. Bald vermehrten sich die Schadenfrohen, und sie ermunterten sich gegenseitig. Sie hätten gewiß den Ballon heruntergezogen, wenn wir sie nicht in der allerenergischesten Weise angeschrieen hätten. Es dauerte lange Zeit, bis wir durch alle möglichen Drohungen — gütliches Zureden war wirkungslos — und verschiedene Ablenkungen, wie z. B. durch Hinabwerfen von leeren Flaschen und Papierschleifen, die Leute endlich dazu brachten, das Seil wieder loszulassen. Aufatmend fuhren wir davon, nicht ohne vorsichtshalber einen halben Sack Ballast ausgeworfen zu haben. Unweit von Rutzendorf wurden wir wieder aufgehalten, doch kamen wir diesmal zum Glück etwas schneller vom Fleck.

Der Nebel hätte die Orientierung sehr schwer gemacht, wenn nicht südlich von uns fast immerwährend die Donau sichtbar gewesen wäre. Nach und nach näherten wir uns jetzt der Donau und Punkt 10 Uhr erreichten wir sie bei Hainburg. Gerade bei der Marchmündung übersetzten wir sie in einer Höhe von 1000 Meter. Die Donau mit ihren vielen Armen bot dort ein sehr schönes Bild, in welchem uns vor allem die verschiedenen Färbungen der einzelnen Wasserarme auffielen. Am merkwürdigsten nahm sich der Farbenunterschied zwischen Donau und March aus. Die letztere war schiefergrau gefärbt, die Donau schmutzig graugrün, und diese beiden Färbungen gingen nicht in einander über, sondern waren von einander durch eine unbewegliche, zackige Linie ganz scharf abgegrenzt. Sehr hübsch nahm sich auch die Thebener Burg von oben aus.

Wir übersetzten nun noch einmal die Donau und kamen um 10ʰ 25, immer noch in 1000 Meter Höhe, nach Preßburg. Gerade als wir die Stadt erreichten, ließen wir eine Papierfahne hinabfallen. Die Fahne wich zuerst von unserer Richtung rechts ab, so daß wir glaubten, sie werde in den Donauwellen ihr Grab finden, dann kam sie aber wieder auf die Stadt zu und überflog den größten Teil, bis sie in einer engen Gasse niederfiel. Ein Fiaker hob sie auf, und im Nu bildete sich um den Finder ein großer Kreis von Neugierigen, die alle lebhaft gestikulierten. Wir konnten die Leute mit Hilfe eines Zeiß'schen Feldstechers vortrefflich beobachten.

Mittlerweile war es sehr heiß geworden. Die Getränke fanden reichlichen Absatz.

Als wir auf die große Schüttinsel gekommen waren, hörten wir hinter uns ein fernes, dumpfes Getöse. Vor Preßburg hatten wir mehrmals Kanonendonner gehört. Diesmal war es aber nicht mehr Kanonendonner, sondern wirkliches Donnergrollen, das wir vernahmen. Ein mächtiges Gewitter zog uns nach. Es kamen gewaltige blauschwarze Wolkenmassen von Süden und Südwesten her; von dem unheimlich dunkeln Hintergrund hoben sich vorne kleinere, seltsam geformte, weißliche Ballen ab, die gewissermaßen als die Vorboten des nahenden Unwetters an uns herankamen. Zugleich wurde die Sonne stark verfinstert, und im Nu verdichtete

H. Silberer.

Donau und Reichsbrücke.

Höhe ca. 400 m.

Wien 1902.

sich das Gas in unserem Ballon derart, daß wir nur mit großen
Opfern an Ballast ein wahrscheinlich ungünstiges Sinken in die
tiefsten Regionen vermeiden konnten. Auf der Erde wehte jetzt
ein starker Wind. Schnell ließen wir für alle Fälle das Ankerseil
hinab. Durch wiederholtes Auswerfen von Sand brachten wir
endlich den Ballon in höhere Luftschichten.

Um 11^h 38 schwebten wir in 1300 Meter Höhe nach Nord-
Nord-Ost und traten aus der Schüttinsel hinaus. Wir besaßen
nur mehr acht Säcke Ballast. Das Gewitter kam uns jetzt unheimlich rasch immer näher, im oberen Teile und links (nordwestlich von uns) hatte es uns schon überholt. Die Trübung des
Himmels wurde allgemein, nur weit vor uns glänzte ein Fleckchen,
wo die Sonnenstrahlen noch unbehindert ihren Weg zur Erde
fanden. Die weißlichen Wolkenballen hinter uns, mit denen wir
jetzt gleich hoch waren, nahmen absonderliche Gestalten an. Mit
Riesenfingern schienen sie den Eindringlingen in die Luftgeheim-
nisse zu drohen, und bei dem Grollen des Donners erhoben sich
die düsteren Gespenster, um uns mit ihren trüben, grauen Augen
anzustarren.

Mittlerweile hatten wir durch Auswerfen von Papierfahnen
festgestellt, daß die Luft weiter unten eine mehr östliche Strömung
hatte, während wir oben mit dem Gewitter fast nördlich zogen.
Wir entschlossen uns darum, als wir im Waagtale in langsames
Sinken gerieten, diesem nicht gänzlich Einhalt zu tun, sondern
durch Verbleiben in der tieferen Strömung östlich auszuweichen.
Dies gelang. Das Gewitter ging hinter uns und links von uns
nieder, während wir die ganze Zeit hindurch noch immer trocken
blieben. In nordöstlicher Richtung überschritten wir verschiedene
niedere Berge und kamen dann über die Neutra.

Um 2 Uhr trafen wir wieder mit unserem Gewitter zusammen.
Diesmal war die Sache umgekehrt. Das Gewitter verfolgte nicht
uns, sondern wir das Gewitter, und zwar waren wir hoch über
der Region des blauschwarzen Schattenmeeres. Wir thronten oben

in den Wolken des Lichtes. Durch einen feinen Schleier drang die Sonne zu uns und beleuchtete die reichgeformten Luftgestalten ringsumher und die wolligweißen Herdenzüge unter uns. Da plötzlich stürzte aus einer Wolkenkulisse auf der russischen Seite ein Kosak hervor. Ein riesiger Kosak mit mächtigem Bart. Er blieb aber nicht lange ganz. In wenigen Minuten zerteilte er sich, und es blieben nur ein paar ungestalte Wolkenfetzen übrig. Im Westen ging jedenfalls das Gewitter nieder, während wir da oben das herrliche Wolkentheater bewunderten.

Zwischen 3 und $^1/_2$ 4 Uhr passierten wir auf merkwürdige Weise einen 2500 Meter hohen Bergzug. Wir fuhren, 900 Meter hoch, direkt östlich auf ihn zu, da wurden wir, als wir in der Nähe des Berges waren, ganz dem Gebirgszug folgend, nach Süden getrieben. Wir wären, das Seil nachschleppend, jedenfalls um das ganze Gebirge herumgekommen, wenn wir nicht, um Zeit zu ersparen, uns entschlossen hätten, über einen ca. 1300 Meter hohen Kamm hinüberzufliegen. M. Carton warf Ballast aus, und während dieser Zeit bückte ich mich, um eine Karte behufs Orientierung hervorzuholen. Ich fand sie gleich — ich brauchte nicht mehr Zeit dazu, als hier zum Niederschreiben — und als ich wieder aufschaute, befanden wir uns mitten in einer Wolke. Bald waren wir über der Wolke und hatten freien Ausblick auf die Waag.

Wir befanden uns in einer Höhe von etwa 3000 Meter, als plötzlich heftiger Regen auf den Ballon niederprasselte. Es wurde sehr kalt, und der Wasserdampf im Ballon verdichtete sich, so daß im Ballon Nebel entstand. M. Carton warf, um uns vor raschem Fallen zu bewahren, noch vor Beginn des Sinkens etwa 30 kg Ballast aus. Dies bewirkte, daß wir, als der Ballon schon ziemlich Wasser angesammelt hatte, noch einige Minuten lang im Gleichgewicht verblieben und dann nur verhältnismäßig langsam zu sinken anfingen. Durch beständiges Auswerfen von geringen Mengen Ballast bremste M. Carton den Fall.

Leider hatte sich der Wind derart gelegt, daß wir absolut keine Aussicht hatten, zu der in der Ferne sichtbaren Stadt Kremnitz zu gelangen. Wir mußten in einer sehr gebirgigen, stark bewaldeten Gegend herunter, doch fanden wir glücklicherweise zwischen den Wäldern ein schönes, ziemlich hoch gelegenes Tal — eine Art Mulde — wo es in Form von Wiesen und Feldern ausgezeichnete Landungsplätze gab.

Die Landung ging überaus glatt vor sich. Der Ballon blieb auf der Schleifleine vollkommen ruhig stehen. Da mittlerweile der Regen aufgehört hatte, gingen die Arbeiten der Landung und der Verpackung des Ballons ohne Anstand vor sich, um so mehr als die Bauern, die uns halfen, deutsch sprachen und sehr zuvorkommende, intelligente Leute waren.

Die Gondel hatte 4^h 40 den Boden berührt, unsere Fahrt hatte also 8 Stunden 55 Minuten gedauert. Der Ort, an dem wir uns befanden — Deutsch-Litta — ist ungefähr 190 Kilometer von Wien entfernt; wir hatten daher durchschnittlich nur 21 Kilometer Luftlinie in der Stunde zurückgelegt. Ein ganz anderes Resultat würde man freilich erhalten, wollte man all die sonderbaren Kurven messen, die wir gemacht haben. Das Wetter war zu einer Distanzfahrt ungünstig gewesen; wir mußten sonach mit unserem Resultat recht zufrieden sein.

Deutsch-Litta liegt in der Luftlinie nicht gar weit von Kremnitz. Unser Weg zur Stadt hat sich aber doch sehr „gezogen“, denn er führte über steile Gebirge. Auf schlechten Straßen in der Nacht zu gehen, ist kein Vergnügen, insbesondere wenn der Spaß vier Stunden dauert.

Erst um $^1/_2$ 11 Uhr nachts trafen wir in der Station Kremnitz ein, wo man uns sagte, daß der Schnellzug nach Budapest um Mitternacht abgehe. Bei Benützung dieses Zuges würden wir den nächsten Tag um $^1/_2$ 8 Uhr abends in Wien sein. Dann gehe aber auch noch ein direkter Zug über Ruttka nach Wien. Wir erfuhren noch rechtzeitig, daß der direkte Zug länger braucht als der andere, und wählten daher die Verbindung über Budapest, in welcher Stadt wir Mittwoch vormittags, sehr ermüdet von der Bahnfahrt, ankamen. Nach vierstündigem Aufenthalt in Pest rollten wir nach Wien ab, wo wir glücklich um 8 Uhr abends anlangten. Wir hatten vom Landungsort bis nach Hause nicht weniger als $25^1/_2$ Stunden gebraucht, beinahe dreimal so lang wie zu der keineswegs raschen Hinfahrt!

H. Silberer.

Rotunde (Südportal) und Trabrennplatz.

Höhe ca. 350 m.

Wien 1901.

23¹|₂ Stunden im Ballon.

Wien, 5. September 1901.

Die Periode des letzten Vollmondes sollte zu einer möglichst langen Nachtfahrt ausgenützt werden. Da ich durch meine letzten Ballonreisen für lange Fahrten schon etwas trainiert war, meldete ich mich ohne weiteres zu einer Fahrt mit M. Carton allein, welche sich über die Nacht hinaus auch auf den ganzen nächsten Tag erstrecken sollte.

Die Tage vor dem Vollmond waren zur Fahrt recht ungünstig; noch am Morgen des 29. August sah das Wetter nicht schön aus. Doch das meteorologische Bulletin dieses Tages lautete befriedigend, und gegen 2 Uhr nachmittags begannen die drohenden Wolken zu verschwinden. Ein schwacher, doch konstanter Westwind stand in Aussicht. Ich entschloß mich also noch am Nachmittage schnell zur Fahrt, besorgte den nötigen Proviant und begab mich dann gleich zur Füllung des 1200 Kubikmeter-Ballons in den Prater. Im letzten Augenblicke sollte uns dann noch ein zweiter Passagier zugesellt werden; der schließliche Verzicht darauf war aber für die Fahrt ein bedeutender Gewinn, wie sich aus der folgenden Beschreibung ergeben wird.

Die Füllung dauerte eine Stunde und zehn Minuten. Sie war ungefähr ¹/₄8 Uhr beendet.

Die anwesenden Mitglieder und Gäste gingen nun in das alte Stammquartier der Luftschiffer, zum „Eisvogel", soupieren, und nach der Mahlzeit, um $^1/_2$10 Uhr, wurde der Ballon, dessen Gas sich mittlerweile infolge der Nachtkühle zusammengezogen hatte, nachgefüllt.

Knapp vor 10 Uhr bestiegen M. Carton und ich den Korb, und um 10^h 01 entließ uns mein Präsident und Vater zu einer ungemein sanften Auffahrt. Mit einem minimalen Auftrieb stieg der Ballon majestätisch in die Höhe. Ganz knapp schwebten wir über den nächsten Baum hinweg, und da verbrauchten wir auch schon den ersten Ballast. Bis wir bei der Donau anlangten, hatten wir gerade einen und einen halben großen Sack verbraucht. Wir hatten nämlich große und kleine Säcke mit; von den ersteren vier, von den letzteren 20 Stück. Der ganze Ballast repräsentierte ein Gewicht von 370 kg.

Zunächst nahm unser Ballon seine Richtung nach Ost-Nord-Ost. Er näherte sich langsam Stadlau und passierte Aspern, während wir das langsam kleiner werdende „Wien bei Nacht" bewunderten. Die vielen Lichter wurden nach und nach schwächer, bis sie sich im fernen Dunkel ganz verloren. Zugleich nahm das Mondlicht an Stärke zu, so daß eine Orientierung immer möglich war. Unsere Fortbewegung war ungemein langsam; stellenweise war sie nicht viel schneller als die eines Fußgängers.

Einige Mühe verursachte uns diesmal das Hinablassen des Schleifseils. Durch irgend eine Unachtsamkeit beim Aufrollen war die Leine in eine Verwicklung (der fachtechnische Ausdruck lautet „Schlamastik") geraten, und beim Mondlicht allein war die Sache nicht so leicht in Ordnung zu bringen. Nachdem wir die Arbeit vollendet hatten, probierte ich ein wenig zu schlafen, um für den nächsten Tag und Abend möglichst frisch zu bleiben, doch vergebens. Der Korb ist „ein gar beschränkter Raum", und der Schlaf darin ist wohl nur bei starker Müdigkeit möglich.

Es war eine schöne Nacht. Der Vollmond lugte zwischen

den langsam ziehenden „Lämmchen" durch, denen er ein eigentümlich scharfes Relief verlieh. Die Erde war in der Mondbeleuchtung viel besser sichtbar, als ich es mir anfangs vorgestellt hatte. Man unterscheidet die Häuser, die Flüsse, die Felder fast ebenso wie bei Tag, nur daß alles in einer gänzlich veränderten Stimmung ist. Das bleiche Mondlicht verleiht allen Gegenständen ein sonderbares silhouettenhaftes Aussehen, man möchte sagen, die Gegenstände, die man da unten sieht, seien nur versilberte Schatten.

Der Reiz, der in der Nachtfahrt liegt, kann schwer beschrieben werden, man muß ihn selbst erfahren. Es wirkt da so viel auf die Phantasie ein, daß die Stimmung, die man dabei empfindet, eben nur wieder durch Zusammenwirken aller jener Einflüsse hervorgerufen werden kann. Da ist vor allem der Mond selbst, dessen zauberhafte Kraft wir ja schon auf dem Erdboden teilweise kennen; da ist jener schattenhafte Nebel, der trotz aller Klarheit in der Nacht sich über die Erde zu schieben scheint; dann das Gefühl des Alleinseins; unten schläft alles, und der Luftfahrer in seinem Korbe wacht allein über allen Erdbewohnern, und doch nicht allein, denn um ihn her tönen die seltsamen Rufe unsichtbarer Nachtvögel; hier und da legt sich die Schleifleine auf und scharrt unaufhaltsam und gleichmäßig über die ruhenden Felder hinweg, während der Luftschiffer hoch oben die Silberwolken als seine Boten vor sich her ziehen sieht: das alles zusammen muß auf ein auch nur wenig empfängliches Gemüt einen feierlichen Eindruck machen, dem sobald kein anderer gleichkommen kann.

Die Fahrt bot in technischer Beziehung während der Nacht wenig Interessantes. Was mich wunderte, ist, daß die Nacht so schnell verging.

Um 2 Uhr waren wir über Markgrafneusiedl, um 2^h 30 passierten wir bei Marchegg die March. Darauf flogen wir über die Kleinen Karpathen, von wo aus wir um 3 Uhr in der Ferne die Lichter von Preßburg wahrnahmen. Schon um $^1/_2$4 Uhr zeichnete sich am östlichen Himmel leichter Tagesschimmer. Das wunderbare Farbenspiel, das sich nun vor Sonnenaufgang bot, ist schwer zu beschreiben; es waren keine Knalleffekte der Beleuchtung, keine mächtig packenden Wolkenkämpfe, sondern jenes zarte, duftige Anschwellen und Verklingen der feinsten Tinten, die keines Malers Pinsel wiederzugeben vermag. Um 4 Uhr machte das Tageslicht dem Mond schon scharfe Konkurrenz, und als wir um Fünf dann an der imposanten Biebersburg vorbei nach Schattmannsdorf schwebten, konnten wir die Sonne selbst begrüßen, wie sie zwischen einigen Schichtwolken nahe am Horizont hervorlugte.

Der Ballastverbrauch war in der Nacht sehr unbedeutend gewesen: wir hatten außer den $1^1/_2$ Säcken, die wir bei der Abfahrt ausgeworfen hatten, nur zwei große Säcke verwendet.

Da wir uns sehr niedrig hielten, gingen uns lange Zeit die Bauern von Ottental nach, was sie auch sehr leicht tun konnten, da der Ballon kaum vom Fleck kam.

Erst um 6 Uhr fing die Sonne an, Ernst zu machen. Unter ihren erwärmenden Strahlen erhob sich der Ballon bald bis 1400 Meter. Nachdem er dann um 7 Uhr bis auf die Schleifleine gesunken war, erhob er sich nach Ballastauswurf wieder und erreichte zwischen Ostrov und Očkov (nächst Verbó) die Höhe von 1800 Metern. Hier änderte er seine stark nördliche Richtung und flog südöstlich auf die Waag zu. Um 8^h 08 zogen wir genau über Pistyan und die Waag hinweg.

Eine Stunde später waren wir südlich von Nagy Tapolcsán im Neutraltal angelangt. Bei Streda setzten wir in 1500 Meter Höhe über die Neutra. Nun wandte sich der Ballon wieder mehr nach Nordost und flog um 9^h 53 über den Slopnaberg auf Radobica zu.

Um 10 Uhr 40 Minuten erreichten wir in der Nähe der Gran 2300 Meter Höhe. Bald darauf passierten wir den genannten Fluß bei V. Lavča, südlich von Szt. Kerest, wo sich die Gran nach kurzem Querlauf südwestlich wendet. Dem von Osten nach Westen verlaufenden Stück des Grantales aufwärts folgend, bewegten wir uns langsam auf das Knie der Gran bei Altsohl zu. Auf der Fahrt dorthin gewannen wir durch ein nördliches Seitental Ausblick auf Kremnitz, den Landungort unserer dritten Fahrt. Was wir bisher geleistet hatten, war wohl minimal und zugleich, wenigstens soweit der Tag in Betracht kommt, sehr wenig anregend. Nun denke man sich, daß wir noch eine dritte Person mitgehabt hätten! Wir hätten in diesem Falle natürlich den größeren Korb mitführen müssen und wären jetzt wahrscheinlich nicht mehr weit von dem Punkte gewesen, wo wir an die bevorstehende Landung hätten denken müssen. Es war jetzt $^1/_2$12, wir waren also 14 Stunden unterwegs und waren nicht weiter als auf der dritten Fahrt, die sich bekanntlich durch ihre Langsamkeit auszeichnete, aber immer noch um die Hälfte rascher war als unsere Nachtfahrt bis zu dieser Zeit.

Bei Altsohl ging eigentlich die Reise erst an. Da wurde der Wind plötzlich stärker und trieb uns nach . . . ja, wohin? Da ist eine große Lücke in meinen Aufzeichnungen. In der Mittagshitze fühlte ich so recht die ungeschlafene Nacht und ruhte mich eine Stunde aus, so gut es ging. Als ich dann wieder hinausblickte, sah ich wohl, daß wir ein gutes Stück östlich gefahren waren, und daß wir uns auf dem Blatte „Erlau" der Generalkarte 1:300 000 befinden mußten, aber die Flüßchen, die Dörfer, die Täler und die Höhen, die wir überflogen, sahen einander alle so ähnlich, daß ich mich in der Orientierung faktisch nicht mehr auskannte. Eine schöne Bescherung!

Doch bald darauf hätten wir beim besten Willen die Orientierung wahrscheinlich sowieso verloren, da uns von $^1/_2$2 Uhr an fast beständig Wolken die Aussicht versperrten. Dafür konnten wir den ganzen Nachmittag bis zum Abend in einemfort den Schatten unseres Ballons auf den Wolken und unsere Aureole in allen Größen und Formen sehen.

Diese Aureole, die in den Regenbogenfarben erglänzt, ist eine überaus merkwürdige Erscheinung, und es war daher natürlich, daß wir den Nachmittag großenteils ihrer Beobachtung widmeten. Wir konnten die Aureole in drei Formen sehen, die in dem Maße ineinander übergingen, als die Wolken näher zu uns heraufstiegen. Ich will diese Formen hier in Kürze beschreiben.

Die erste Form trat um $^1/_2$1 Uhr auf. Um diese Zeit schien der Schatten des Ballons mitsamt der Gondel von einem sehr großen Regenbogen (Aureole) ganz umgeben. Bald ging die Erscheinung in die zweite Form über. Der Farbenkreis über dem Schatten des Ballons selbst verblaßte, und der Schatten unserer Gondel wurde der Mittelpunkt eines kleineren Kreises, der rechts, links und unter der Gondel intensiv, über der Gondel, wo der Ballonschatten auffiel, aber blaß gefärbt war. Der Farbenkreis war meist dreifach sichtbar. Rot, Orange, Gelb, Grün, Lichtblau, Indigo und Violett dreimal in dieser Reihenfolge so angeordnet, daß Violett immer wieder in Rot übergeht.

Die dritte Form der Aureole entspricht dem sogenannten Brockengespenst (Ulloa-Zirkel), das man öfters in den Bergen beobachten kann, wenn ein Beobachter zwischen einer Nebelwand und der Sonne steht. Diese Form der Erscheinung trat erst von $^3/_4$2 Uhr an auf und nahm sich folgendermaßen aus:

Der Ballon und die Gondel werden scheinbar nicht in ihrer Form als Schatten projiziert, sondern es bildet sich um die Sehachse des beschauenden Auges als Achse (beziehungsweise um den Augpunkt als Mittelpunkt) ein Strahlenkranz; die Strahlen sind schattenartig dunkel und reichen bis zu einem sehr großen weißlichen Ring hinaus. Dieser Ring (ein weißer Regenbogen) umfaßt im Durchmesser vielleicht 90 Grad, vom Auge des Beschauers an gemessen. Er ist rein weiß (keine Spur von Spektralfarben) und hebt sich ziemlich stark von der übrigen Wolkenfläche ab. Mit etwa $^1/_4$ bis $^1/_5$ des Radius von diesem Ring ist der äußere Kreis der dreifachen Aureole selbst beschrieben. Die Aureole erstreckt sich nach innen ziemlich weit bis zum Mittelpunkt. Die oben genannten dunklen Strahlen gehen durch die Aureole durch und gehen, immer blasser werdend, bis zu dem großen Ring hinaus. Die Strahlen bewegen sich, wenn der Beschauer seine Stellung ändert. Die Strahlen dürften eine Art von Schatten sein, da sich, als ich den Arm aus der Gondel streckte, sofort ein ungeheuer langer Strahl, homolog mit meinem Arm, bildete. Die ungeheure Länge der Schatten dürfte dadurch zu erklären sein, daß der Schatten nicht auf einer einzigen Fläche, sondern auf sehr vielen Schichten entsteht, die sich dem Auge kegelförmig abgestumpft präsentieren. Daher in der Perspektive die scheinbare Verlängerung, weil das Auge alle die Teilschatten in e i n e, und zwar eine sehr entfernte Ebene verlegt (?). Zur Erklärung hierzu sei als wesentlich noch hinzugefügt, daß wir dem Wolkenkörper so nahe wie möglich waren, nämlich seinen oberen Teil unmittelbar berührten.

Doch nun zur Fahrt selbst zurück. Die Fahrt war, abgesehen von der Aureole, die uns immer begleitete, von 2 bis $^1/_2$5 Uhr ziemlich reizlos. Wir gingen beinahe konstant nach Ost-Süd-Ost.

Um $^1/_2$5 Uhr erhoben wir uns sehr hoch, bis über die höchste Wolkenschichte und genossen nun den unvergleichlichen Ausblick auf das prachtvolle Wolkenmeer. Die halbe Stunde, während welcher wir hier über dem unendlichen Wolkenmeer schwebten, belohnte wohl für sich allein die lange Fahrt bis hierher.

Das Bild vor uns zerfiel eigentlich in zwei Teile: auf der einen Seite eine Küstenlandschaft mit Buchten und Vorgebirgen, mit Meerbusen und Hafen und kleinen Inseln; das Wasser und die Gebirge täuschend im Kolorit, man möchte sagen „nachgemacht"; darüber der blaue Himmel. Das andere Bild: das offene Meer mit hohen Wogen, schaumbedeckt, majestätisch ausgebreitet, unendlich.

Später lockerten sich die Wolken unter uns, und während oben das liebe Sonnenlicht die Wolken umspielte, blickte von unten herauf aus der dunklen Erde ein feurigroter Fluß. Unwillkürlich mußte ich da an den finsteren Orkus denken, der uns, die wir da zwischen den lichten Göttersitzen schwebten, bald verschlingen mußte. Und richtig sanken wir bald von unserem Maximum, 3500 Meter, herab.

Um $^1/_4$6 Uhr fanden wir zu meiner größten Freude die Orientierung wieder, und zwar über den charakteristischen Windungen des Bodrog, den wir um 5 Uhr 20 Minuten bei Petrahó (südlich von Nagy Sáros Paták) übersetzten. Wir hatten noch drei kleine Säcke Ballast, als wir uns zwischen Bodrog und Theiß beinahe auf die Erde senkten. Wir glaubten daher zuerst, nur bis Csáp zu kommen; auf dem Wege dahin fing aber unser Ballon von selbst wieder zu steigen an und stieg und stieg, bis er in 3000 Meter Höhe wieder die höchste Wolkenschichte erreicht hatte. Dort kam er ins Equilibrium und sank nach Verlauf einiger Minuten ganz langsam zu Boden, oder besser gesagt, bis in eine Höhe von 400 Metern über dem Boden, wo er um $^1/_2$8 Uhr anlangte.

Mittlerweile war die Dämmerung eingetreten, und um 8 Uhr sollte der Mond in seine Rechte treten. Sein Licht war aber infolge des vorgelagerten Wolkenschleiers recht schwach, so daß die Orientierung schwer wurde. Wir flogen, nachdem wir einige abenteuerliche Windungen vollführt hatten, geradeswegs auf ein hohes Gebirge — irgend einen Karpathenzug — hin. Plötzlich begann der Ballon inmitten einer recht romantischen, aber dem Ballonfahrer wenig angenehmen Gegend zu steigen an. Es schien, als wolle er den hohen Berg überqueren und uns mitten ins karpathische Waldgebirge führen. Dazu hatten wir aber doch schon zu wenig Sand mehr zur Verfügung, und M. Carton zog daher das Ventil, um den Ballon in der mehr nach Norden führenden unteren Strömung zu erhalten und so noch am Rande der Karpathen etwas weiterzufahren. Es brauchte aber vier Ventilzüge, bis der Ballon sich senkte. So groß war die aufsteigende Kraft des Ballons, dessen

Gas in 3000 Meter Höhe sehr bedeutend abgekühlt und nahe an der Erde wieder erwärmt worden war. Wären nicht die Karpathen gewesen, so wären wir selbstverständlich noch geraume Zeit weitergefahren.

So begnügten wir uns mit einer etwa $^3/_4$ stündigen lustigen Schleppfahrt. Als der Ballon gar zu weit talaufwärts getrieben wurde und überdies große Wolken den Mond zu verfinstern drohten, entschlossen wir uns schweren Herzens (noch mit 30 kg Ballast) zur Landung. Wir gingen an einem Waldesrand im Ungtal, einige Kilometer nordöstlich von Ungvár herunter.

Die Gondel berührte um 9^h 25 den Boden. Nachdem wir ein ziemliches Quantum Gas durch das Ventil aus dem Ballon hatten entweichen lassen, ging ich Leute suchen. Wir hatten von oben an verschiedenen Orten Feuer brennen sehen, und ich ging nun in der Richtung, wo ich das nächste von diesen Feuern vermutete, während M. Carton sich mit dem Ballon beschäftigte. Nach ungefähr 5 Minuten traf ich auf einen Trupp von Leuten in slovakischer Kleidung. Ich fragte: „Kann jemand unter euch Deutsch?“ Die Antwort erfolgte, man höre und staune, auf — englisch. Die Leute sprachen nur Slovakisch und Englisch, letztere Sprache freilich schlecht, doch immerhin so, daß wir uns leicht verständigen konnten. Die Leute — es waren Feldhüter — folgten mir zum Ballon und halfen wacker bei der Verpackung des Materials. Ein Leiterwagen wurde bestellt, der um 1 Uhr nachts an unserem Landungsorte eintraf. Das Ballonmaterial wurde sogleich aufgeladen, wir setzten uns auf den Wagen, und so fuhren wir zunächst über eine Furt in der Ung, dann im Ungtal abwärts bis zum Bahnhof von Ungvár, wo wir um $^1/_2$4 Uhr morgens, von der Fahrt über das „Katzenkopf“-Pflaster halb zu Tode geschüttelt, ankamen. Eine Stunde darauf ging schon der erste Schnellzug nach Budapest ab. Um 1^h 30 nachmittags langten wir am Zentralbahnhof in Budapest an, und um 2^h 20 fuhren wir von dort weiter, über Bruck a. d. Leitha nach Wien. Der Pester Nachmittagszug hat, wie wir jetzt schon aus Erfahrung sagen können, immer Verspätung, und so langten wir denn erst nach 8 Uhr abends in Wien an.

Unsere Ballonfahrt war auf einer Seite vom Glücke gar nicht begünstigt gewesen. Die Fahrtdauer von 23 Stunden 24 Minuten ist ja gewiß sehr respektabel, aber um so mehr müssen wir den Mangel des Windes beklagen, denn wäre die Windstille in der ersten Nacht und am Vormittage des Samstags nicht gewesen, so wären wir am zweiten Abend gewiß schon über den Karpathen drüben gewesen, in Ostgalizien oder gar in der Bukowina. In diesem Fall wären wir nicht gezwungen gewesen, vorzeitig Ventil zu ziehen und mit $1^{1}/_{2}$ Säcken Ballast zu landen. Wenn man weiter rechnet, daß wir außer dem Sandballast noch mehrere Flaschen überflüssiger Getränke mit uns hatten, so ergibt sich ein entbehrliches Gewicht von ca. 30 kg, die leeren Ballastsäcke und andere nicht unbedingt nötige Gegenstände, die auch ein schönes Gewicht repräsentieren, nicht mitgerechnet. Zu allem dem kam noch, daß wir uns bezüglich der Gastemperatur in noch besserer Lage befanden als am ersten Abend, wo das Gas die Temperatur der niederen durch die Erde erwärmten Luftschichten hatte, während am zweiten Abend das Gas des equilibrierten Ballons die Temperatur von den Luftschichten in 3000 Meter Höhe besaß, die nicht hoch über dem Nullpunkt war. Diese günstigen Umstände hätten uns vielleicht erlaubt, noch bis zum nächsten Tagesgrauen oben zu bleiben. Mußten wir uns unglücklicherweise zu nächtlicher Zeit gerade vor den unwirtlichen Karpathenkämmen befinden! Ein Weiterfahren wäre wohl Unsinn gewesen, eine Fahrt mitten in die wilden Gebirgszüge hinein, ohne überhaupt die Gegend deutlich zu erkennen. Der Mond erschien nur zeitweise, in kurzen Lichtblicken, die für die Orientierung absolut ungenügend waren.

Unsere Fahrtweite beträgt in der Luftlinie 440 Kilometer. Daß wir nicht in einer Geraden gefahren sind, wird den Leser ein Blick auf die Karte lehren. Bis Altsohl sind wir im ganzen ge-

nommen östlich, mit schwach nördlicher Abweichung gefahren;
gegen Abend passierten wir den Bodrog ungefähr in derselben
nördlichen Breite, in welcher Wien liegt, waren also wieder nach
Süden gezogen. Dann ging unsere Fahrt nordöstlich, später nach
Ost-Nord-Ost. In der obersten Strömung wandten wir uns wieder
mehr östlich, zum Schluß bei der Schleppfahrt, nach einigen Irr-
fahrten beinahe rein nördlich.

Das gute Resultat in Hinsicht der Fahrtdauer veranlaßte uns
nach beendeter Fahrt zu traurigen Betrachtungen: in 23 Stunden
24 Minuten nicht aus dem Lande gekommen! Hätten wir noch
weiter fahren sollen? Doch — offen gestanden — wir hatten für
diesmal auch so schon „genug".

Die Fahrt Wien — Cuxhaven.

Wien, im Oktober 1901.

Nach der 23½ stündigen Dauerfahrt, welche bezüglich des zurückgelegten Weges nur wenig vom Glück begünstigt war, ging das Trachten des Aero-Klubs dahin, auch eine möglichst weite Fahrt zu veranstalten. Eine solche Fahrt konnte natürlich nicht jeden Moment unternommen werden, sondern es mußten, sollte Aussicht auf Erfolg vorhanden sein, die richtigen Umstände abgewartet werden.

In der vorletzten Septemberwoche waren nun die erhofften Bedingungen da. Die meteorologischen Konstellationen der Wetterkarten vom 22. und 23. September waren ideal. Ein barometrisches Minimum, das an den Vortagen über England sich befand, verflachte sich gegen den Ozean zu, und im Osten stieg der Druck beständig, so daß im ganzen mittleren und nördlichen Europa sehr gleichmäßige südöstliche Winde herrschten.

Diese Gelegenheit ließen wir nicht unbenützt vorbeigehen. Angesichts der günstigen Verhältnisse wurde am 23. Mittags die Fahrt für Abends angesetzt, die ich natürlich allein mit M. Carton anzutreten hatte, da wir ja recht weit kommen sollten.

Am Nachmittag des 23. traf ich noch die nötigen Vorbereitungen. Um 5 Uhr wurde der „Jupiter" gefüllt. Abends um ½9 Uhr gab es noch ein geselliges Souper im „Eisvogel", und um ½10 Uhr wurde der Ballon zur Abfahrt gerüstet. Die Nach-

64

H. Silberer.

Schrick (Nieder-Österreich).

Höhe 160 m.

Wien 1903.

füllung war bald beendet, M. Carton und ich bestiegen den Korb, und um 10 Uhr 2 Minuten verließen wir die Erde unter den kräftigen Abschiedsrufen der versammelten Mitglieder. Vielstimmige „Hurras" tönten zu uns herauf. Wir antworteten so laut und so vielstimmig wir eben konnten.

Unser Ballon wurde schon in geringer Höhe von einer starken Luftströmung erfaßt, die uns nordwestlich trieb. Wir führten $13^1/_2$ Säcke à 25 Kilogramm mit uns. Einen halben Sack mußte jedoch M. Carton gleich auswerfen, um nicht sofort wieder zu sinken; es blieben uns also 325 Kilogramm.

In acht Minuten waren wir schon in Nußdorf angelangt und fuhren in etwa 150 Meter Höhe gerade auf den Leopoldsberg zu. Wir befanden uns bedeutend niedriger als dessen Spitze. Es wäre nun recht schade gewesen, wenn wir, um über den Berg zu gelangen, Ballast hätten auswerfen müssen, denn wir befanden uns wunderschön im Gleichgewicht. Wir warteten also ruhig ab, was da kommen würde, in der Hoffnung, daß uns die Luftströmung, die ja dem Berg ausweichen muß, seitlich herum oder darüber tragen werde. Tatsächlich veränderten wir knapp vor dem Leopoldsberg unsere Richtung und umschifften ihn auf der Donauseite. Zugleich stiegen wir ein wenig, doch als wir drüben angelangt waren, begann der „Jupiter" zu sinken, so daß wir Ballast abgeben mußten. Wir passierten, immer nach Nordwest fahrend, die Donau, dann Stockerau und kamen bald in die Gegend des Mannhartsberges. Sowie das Terrain anstieg, legte sich die Schleifleine, die wir vorsichtshalber schon vor Stockerau hinabgelassen hatten, auf, und wiederholt mußten wir zu unseren Leidwesen Sand auswerfen. Diese Ballastverluste ergaben sich aber mit Notwendigkeit aus der Beschaffenheit des Terrains. Dagegen war nichts zu tun. Mit einiger Besorgnis sah ich auf der Karte, daß wir bei der herrschenden Richtung über immer höhere Bodenerhebungen treiben mußten; es standen uns sonach recht unangenehme Ballastverluste bevor.

Die genaue Orientierung hatte ich bald verloren, teils wegen der Dunkelheit, teils wegen der bedeutenden Schnelligkeit, mit der wir uns fortbewegten. Freilich war es vorläufig noch hell genug, um sich, wenn man die Gegend kennt, zurechtzufinden. Doch ich kannte mich dort wenig aus, und um die Dörfer, die wir passierten, nach der Karte zu bestimmen, war uns nicht genug Zeit gelassen. Je näher wir der Erde fuhren, desto mehr ging unser Kurs westlich, und je höher wir kamen, desto mehr wichen wir nördlich ab. Die Bilder unter uns änderten sich rapid. Gegen 1 Uhr nachts war der Mond im Begriff, unterzugehen. Unsere Fahrt wurde aber immer rapider. Da bemerkten wir im Süden einen Fluß und bald darauf eine Unzahl von kleinen Teichen und Seen, die im Mondlicht lebhaft aus dem Dunkel hervorglitzerten. Wir mußten in der Nähe von Wittingau oder Neuhaus sein.

Hier dürften wir wohl unsere größte Schnelligkeit erreicht haben. Unter uns rauschte ein mächtiger Sturm und wir schossen pfeilgeschwind über die waldigen Höhen dahin. Die Bodenerhebungen wurden bedeutend, wir mußten auf 800, auf 900 Meter hinaufgehen. Es wurde immer finsterer, denn der Mond versank unter dem Horizont. Wir begannen jetzt ein wenig zu fallen und mußten infolge dessen neuerlich Ballast auswerfen. Endlich equilibrierte sich der Ballon in 1000 Meter Höhe. Es blieben uns von den $13^{1}/_{2}$ Säcken nur noch neun übrig.

Das Land unter uns verflachte sich allmählich und wir passierten zahlreiche Städte, deren funkelnde Lichter mit dem Glanze der Sterne wetteiferten. Der Himmel war wolkenlos und auch die Aussicht auf die Erde war völlig klar. So hell nun auch der Sternenhimmel war, er erleuchtete die Erde doch nicht genügend, daß wir darauf irgend welche Details gesehen hätten. Zudem blendeten uns natürlich die Lichter auf der Erde, so daß wir eigentlich nichts sahen, als über uns den riesig erscheinenden schattenhaften „Jupiter", ringsherum die diamantenen Sterne, unter uns die gelblichen Lichter der Städte.

Nach 1 Uhr gewahrten wir vor uns in hellem Lichtschein eine bedeutende Stadt. Wir dachten zuerst, es sei Příbram. Als wir aber näher kamen, bewog uns die große Ausdehnung der Stadt, auf Prag zu schließen. Wir ließen die vielen Lichter rechts von uns liegen und glaubten einen Fluß und eine Eisenbahn unter uns zu sehen. Merkwürdigerweise schien aber der Fluß auf einen hohen Bergkamm hinauf- und auf der anderen Seite wieder herunterzufließen. M. Carton vermeinte darin einen Beweis dafür zu erblicken, daß die fragliche Linie kein Fluß sei; ich glaubte meinerseits mit Bestimmtheit daran, daß es ein Fluß sein müsse, weil ich ein Licht sich darin spiegeln gesehen hatte. Wie kann aber ein Fluß bergauf fließen? Schließlich einigten wir uns dahin, in Böhmen sei es eben so. Noch andere Merkwürdigkeiten gab es in Böhmen zu sehen: große Bahnhöfe ohne dazugehörigen Ort, Sonnenaufgang im Norden u. s. w. Ob die böhmische Sonne wirklich in Norden aufgeht, konnte ich allerdings nicht konstatieren, denn wir waren um jene Zeit, ohne daß wir es wußten, schon längst aus dem Lande; jedenfalls konnten wir den allerersten Schein des Tages am nord-nordöstlichen Horizont beobachten. Das alles mag nichts Besonderes sein, doch macht ein jedes Ding, wenn man es in der Nacht vom Ballon aus wahrnimmt, einen viel stärkeren Eindruck als unter gewöhnlichen Verhältnissen. Ein Vorfall, mag er noch so geringfügig sein, erscheint als großes Ereignis; irgend ein Gegenstand, dessen Natur in der Dunkelheit nicht zu erkennen ist, nimmt gleich eine phantastische Gestalt an. Die mehr als gewöhnlich gespannte Aufmerksamkeit begünstigt noch die Entstehung von allerlei Trugbildern.

Nach 2 Uhr früh flaute der Wind ab. Bis 4 Uhr mußten wir noch immer zeitweise Ballast auswerfen, von da an aber wurde lange Zeit kein Sandkorn verbraucht. Es blieben uns acht Säcke.

Um 5 Uhr war die Nacht gewichen und wir fuhren ganz nahe der Erde dahin. Mit ziemlicher Geschwindigkeit gelangten wir über einige kleine Dörfer in eine wiesenreiche Gegend und dann an einen breiten Fluß, auf dem viele Schleppdampfer verkehrten: die Elbe. Der Fluß machte dort ein Knie und setzte nach dieser Biegung seinen Weg gerade nach Westen fort. Wir übersetzen die Elbe um $^1/_4$6 Uhr und verloren sie, da wir uns rasch nach West-Nordwest bewegten, bald aus den Augen.

Um 6 Uhr konnten wir die Sonne begrüßen. Da der Himmel wolkenlos war, wirkten schon die ersten Strahlen mit voller Kraft auf den Ballon. Als wir um 6^h 20 die Elbe zum zweitenmal zu Gesicht bekamen, waren wir schon in einer Höhe von 600 Metern. Vor uns links sahen wir, in Nebel eingehüllt, eine größere Stadt. Wir konnten nicht bestimmen, was es für ein Ort sein konnte; erst im späteren Verlauf der Fahrt wurde uns klar, daß es Magdeburg gewesen sein mußte. Um $^1/_2$7 Uhr passierten wir in einer Höhe von 800 Meter die Elbe.

Am Vormittag wurde die Fahrt sehr eintönig. Wir erhoben uns langsam über 1000 Meter und flogen über eine langweilige Gegend, die an die ungarischen Ebenen gemahnte. Hätte ich geahnt, daß wir schon so weit sind, so hätte ich nach den roten Häusern der Dörfer auf die Lüneburger Heide geschlossen. Um 9 Uhr erreichten wir die Maximalhöhe der ganzen Fahrt: 1550 Meter. Um 9^h 10 warfen wir in 1500 Meter, da der Ballon plötzlich rasch zu sinken begann, ein wenig Ballast aus, das erste Mal seit 4 Uhr. Wir hatten also während 5 Stunden 10 Minuten keinen Ballast verbraucht.

Um $^1/_4$10 Uhr sahen wir in der Ferne rechts vor uns eine große Stadt an einem Fluß. Als wir ihr näher kamen, konnten wir sehen, daß es nicht eine Stadt allein, sondern mehrere größere und kleinere gesonderte Städte waren, die sich um den Fluß und um kleine Seen herum gruppierten. Wir hielten die Städte irrtümlich für Berlin, Charlottenburg und Potsdam; die Wasserflächen für die Spreebassins und die Havel-Seen. Die größte von den Städten, Berlin, wie wir glaubten, konnten wir nicht genau sehen, da sie in dichtem Nebel lag.

Um $^1/_2$10 Uhr begannen wir stark zu sinken. Durch Ballastabgabe kamen wir in einer Höhe von 650 Metern wieder ins
Gleichgewicht. Die Sonnenhitze wurde jetzt sehr stark. Wir
schwebten über Marschland hinweg, und zwar in beinahe rein
westlicher Richtung. Nicht wenig erstaunt waren wir, als wir im
Norden eine scheinbar sehr breite Wasserfläche auftauchen sahen,
die mit einem sehr gleichmäßigen weißlichen Dunst bedeckt war.
Jenseits des Wassers schien in ziemlicher Entfernung wieder Land
zu sein, doch konnte man dies nur undeutlich erkennen. Das
breite Wasser kam uns recht unerwartet. Ein gewöhnlicher Fluß
konnte das unmöglich sein. Was war das also? An der Lübecker
Bucht befanden wir uns bestimmt nicht, denn wir waren ja von
Berlin aus nicht so stark nach Norden gefahren. Die Müritz war
es auch gewiß nicht. M. Carton erklärte die Wasserfläche mit
Bestimmtheit für das Meer. Der Dunst, sagte er, sei charakteristisch, auch sehe er deutlich zwei Bojen auf dem Wasser. Aber
wie war es möglich, von Berlin so schnell zum Meere zu gelangen? Wir rieten hin, wir rieten her, doch war nicht mehr viel
Zeit zum Überlegen übrig. Wir näherten uns beträchtlich der
Küste, wenn wir auch nicht direkt auf sie zuflogen. Bald mußte
jeder Zweifel schwinden. Es war das Meer!

Wir mußten uns zur Landung bereit halten. M. Carton zog
das Ventil, und während der Ballon langsam niederging, ließen
wir mit einer gewissen Rapidität das Ankerseil hinunter.

Unter uns sah es aber gar nicht einladend aus. Kleine,
schmale Wiesenstreifen, die als Viehweiden dienten, und dazwischen $^3/_4$ Meter breite Wasseradern.

Wie wir auch landeten, wir mußten von der frischen Brise
durch ein paar Wassergräben geschleift werden. Dazu die Er-
schwerung der Entleerungs- und Verpackungsmanipulationen.

Wir spähten also nach vorn, ob nicht noch ein brauchbares
Landungsterrain in Sicht wäre. Vorläufig war nichts Günstiges zu
sehen. Rechts (nördlich) von uns zog sich, von Ost nach West

verlaufend, die Meeresküste hin, vor uns (im Westen) dehnte sich noch immer Marschland aus. Weiter sahen wir noch eine bräunliche Fläche, anscheinend Moor, und im nebligen Hintergrund einen weißlichen Streif. Dieser Streif konnte wieder das Meer sein oder aber ein Fluß nahe an seiner Mündung. Fast schien letzteres wahrscheinlicher, denn hinter dem Streif war wieder etwas Dunkles zu sehen.

Wir entschlossen uns, da ja vorläufig keine Gefahr drohte, noch nicht zu landen, sondern, in geringer Höhe schwebend, einfach abzuwarten, was da kommen werde. An der Küste im Norden, von der wir jetzt vielleicht nur mehr 4 Kilometer entfernt waren, erschien ein großer Hafen, zu dem von links her auf einem Damm eine Eisenbahn führte. Dies konnte ein Anhaltspunkt für unsere Orientierung werden, und da wir gar nicht hoch waren, riefen wir einige Leute unter uns an. „Wie heißt der Hafen?" Man antwortete uns zwar, wir verstanden aber nichts! Jedesmal, wenn wir bei Menschen vorbeikamen, wiederholten wir nun die Frage, deren Beantwortung für uns so wichtig war. Endlich verstanden wir „Cuxhaven!"

Da war nun freilich nicht mehr viel zu machen. Wir mußten bald am Meere sein. Die nördliche Küste wich zwar jetzt mehr und mehr hinaus, doch vor uns war wenig Raum mehr. Nur merkwürdig: das Wasser vor uns erschien noch immer wie ein Fluß; dahinter glaubten wir Land zu sehen. Von deutlichem Ausblick war aber nicht die Rede, da, wie gesagt, ziemlich dichter Nebel über dem Wasser lagerte. Hinter der Eisenbahnlinie, die quer über unseren Weg führte, begann wieder Marschland, weiter rückwärts wurden die Umrisse der moorigen Fläche schärfer sichtbar. Hinter ihr schien günstiges Terrain vorhanden zu sein, wenn auch nicht in großer Breite. Wir warfen nun ein wenig Ballast aus, um noch bequem über die Bahn und die braune Fläche hinweg zu kommen. Es wurde auch beides übersetzt, die Moorfläche teilweise schon auf der Schleifleine. Um uns über die Beschaffenheit dieses moorartigen Landes zu informieren, warfen wir eine volle Flasche hinab; sie fiel sehr weich (auf moosbewachsenen Grund), ohne aber sich stark in den Boden einzubohren. Bald waren wir drüber. Wir fuhren bei einigen Behausungen vorbei und beeilten uns, die Leute zu fragen, ob vor uns das offene Meer sei. Sie riefen uns zu: „Ja, es ist das Meer, Sie müssen herunter!"

Nun war unsere Reise natürlich zu Ende. Es galt rasch zu handeln, da wir gerade auf einige Häuser zutrieben und die Wiesenfläche zwischen uns und diesen Hindernissen nicht sehr groß war. Hinter den Häusern war nur mehr wenig und ziemlich ungeeignetes Terrain bis zum Strande.

M. Carton zog nun energisch die Ventilleine, ich warf, als wir nur noch 25 Meter über dem Boden waren, den Anker aus. Leute eilten herbei, doch gelang es ihnen nicht, das rasch dahingleitende Seil festzuhalten. Der Korb stieß auf den Boden und schnellte gleich wieder in die Höhe. Als er zum zweitenmale aufschlug, stürzte er nach vorn um, so daß die vordere Seitenwand unten zu liegen kam. Eine kleine Schleiffahrt begann. Auf dem Bauche liegend, zogen wir mit aller Kraft an der Ventilleine, während auf unsere Zurufe die Leute das Schleifseil und das Ankerseil festzuhalten suchten. Eine Flut von Sand ergoß sich über uns. Die Sandsäcke entleerten sich nämlich auf unseren Rücken. Bald aber standen wir still, den Leuten war es gelungen, den Anker in den Boden zu drücken. Wir verließen jedoch, obwohl der Ballon schon auf der Erde lag, noch nicht den Korb, sondern blieben so lange an der Ventilleine hängen, bis die Hülle größtenteils entleert war. Zuerst kroch dann ich aus dem Schildkrötengehäuse — so ähnlich kam mir nämlich der Korb vor — heraus, dann folgte M. Carton. Die Entleerung des Ballons besorgte diesmal der Wind, so daß wir uns damit nicht stark zu plagen brauchten.

Ich erkundigte mich natürlich gleich um den Namen des

Ortes, wo wir uns befanden. Der Ort heißt Oxstedt und ist circa neun Kilometer von Cuxhaven entfernt. Wir befanden uns ungefähr fünf Kilometer von der Nordsee. Das Land, welches ich jenseits des Wasserstreifens zu bemerken geglaubt hatte, waren die Watten.

Von Wichtigkeit ist es, zu erwähnen, daß wir mit sechs vollen Säcken, also mit 150 Kilogramm Ballast, gelandet sind! Der Korb hat um 11^h 50 den Boden berührt, wir sind also 13 Stunden 48 Minuten gefahren. Mit dem Ballast, der uns noch zur Verfügung stand, hätten wir sicher noch sieben Stunden weiterfahren können!

In wohltuendem Gegensatz hoben sich die Bewohner unseres Landungsortes von den Leuten ab, mit denen man es in Österreich meistens zu tun bekommt. Ruhige, biedere Charaktere, bescheiden, doch selbstbewußt; es war ein Vergnügen, mit ihnen zu arbeiten. Als ich sie für ihre Mühe mit einigen Mark-Stücken belohnen wollte, wiesen sie dieselben fast verletzt mit den Worten zurück: „Was soll das?"

Ein sehr zuvorkommender Mann namens H. N. Strunk kam mit seinem Wagen und führte uns prompt um einen sehr geringen Preis nach Cuxhaven.

M. Carton und ich gingen dort, nachdem wir unser schweres Gepäck aufgegeben und Fahrkarten gelöst hatten, nach dem Hafen. Nachdem wir beinahe eine Stunde am Meeresufer zugebracht, begaben wir uns auf den Bahnhof zurück, um zunächst nach Hamburg zu fahren, wo wir nur mit Mühe ein Logis für eine Nacht bekommen konnten, da alles wegen des Naturforscher- und Ärztekongresses überfüllt war.

Mittwoch, den 25. früh besichtigten wir die Stadt, so weit es die Zeit erlaubte, und setzten hierauf vormittags unsere Reise nach Wien fort, wo wir Donnerstag früh anlangten.

Nicht uninteressant ist es, unseren Weg zu rekonstruieren. Wir flogen nach Stockerau zunächst nordwestlich, und zwar mit

einer Geschwindigkeit von 40 Kilometern in der Stunde. Die
Schnelligkeit nahm rasch zu, und den Weg von Wittingau-Neuhaus
nach Prag, 115 Kilometer, legten wir in wenig mehr als einer
Stunde zurück. Wir dürften um 3 Uhr morgens zwischen Frei-
berg und Dresden durchgefahren sein. Um 6^h 20 waren wir bei
Magdeburg. Unsere mittlere Geschwindigkeit zwischen Neuhaus
und Magdeburg betrug 86 Kilometer die Stunde. Die Stadt, die
wir für Berlin gehalten hatten, war Hamburg mit Altona und
Harburg. Das breite Wasserband im Norden war die Elbe-
mündung und später die Nordsee. Die undeutlich gesehene Küste
war diejenige von Schleswig-Holstein.

Die gesamte zurückgelegte Strecke Wien—Oxstedt beträgt,
in der Luftlinie gemessen, 828 Kilometer. Ein besonderer Zufall
ist es, daß unsere Fahrtdauer, in Minuten ausgedrückt, gleichfalls 828 ausmacht. Es entfällt also genau ein Kilometer auf die
Minute, das macht 60 Kilometer in der Stunde.

Wien—Liesing in vier Stunden.

(Eine „Hofratsfahrt".)

Wien, im November 1901.

Les extrèmes se touchent! Nach dem Schnelligkeitsrekord Wien—Cuxhaven kommt der Langsamkeitsrekord des Wiener Aero-Klubs! Am 28. Oktober brachte der „Saturn" diese merkwürdige Leistung zu stande. Nach all den schnellen Fahrten der letzten Zeit, welche mit mittleren Geschwindigkeiten von 40—60 oder doch mindestens 30 Kilometern in der Stunde absolviert wurden, ist es recht drollig, über eine Luftreise zu berichten, auf der nicht einmal $3\frac{1}{2}$ Kilometer in der Stunde zurückgelegt wurden.

An dieser neuesten „Rekordfahrt" nahmen Herr Aresin-Fatton und ich teil. Wir fanden uns beide um $\frac{1}{2}9$ Uhr vormittags am Platze des Aero-Klubs ein, um bei der Füllung des „Saturn" anwesend zu sein. Diese ging prompt vor sich, und um $\frac{3}{4}10$ stand der Ballon fix und fertig da. Begreiflicherweise hätten wir gerne gewußt, wohin uns der Wind tragen würde, doch obwohl wir uns schon seit dem Morgen bemühten, die Windrichtung ausfindig zu machen, waren wir noch zu keinem abschließenden Urteil gekommen, denn der Windanzeiger, der Rauch, war selbst in Verlegenheit. Lange stieg er kerzengerade empor und — zerteilte

74

sich dann. Die Blätter der Bäume rührten sich selbstverständlich schon gar nicht. Durch Steigenlassen eines Versuchsballons hofften wir, einige Aufklärung zu gewinnen. Aber was sahen wir da! Lotrecht, wie der Rauch, stieg der Ballon in eine ziemliche Höhe empor. Einmal schien er südwestlich, dann wieder mehr östlich sich wenden zu wollen. Endlich, nachdem er lange nach dem Zenit gestiegen war, entschied er sich ganz sachte für Süd.

Bald nach dem Versuchsballon stiegen auch wir. Um 10 Uhr 12 Minuten hieß es: „Los!" und mit hinabgelassener Schleifleine verließen wir den Boden. Zunächst erhoben wir uns lotrecht, und zwar sehr langsam, so langsam, daß wir, kaum aufgestiegen, ein wenig Ballast abgeben mußten, damit der „Saturn" die Schleifleine vollends heben konnte. Wir schwebten nun 80 Meter über dem Boden dahin. Nach einer neuerlichen Ballastabgabe kamen wir nach und nach in eine Höhe von 150 Meter. Nach einigen Minuten waren wir glücklich über der südwestlich vom Klubplatz gelegenen Wiese angelangt. Noch lange winkten wir unseren Klubgenossen Abschied zu, die, noch immer auf dem Ballonplatz stehend, uns durch Tücherschwenken Grüße nachsandten.

Und nun tat ich etwas sehr Unnötiges: ich übergab meinem Reisegefährten das Blatt „Wien" der Generalkarte 1:300000 von Mitteleuropa mit der Bitte, den Verlauf unserer Fahrt auf der Karte zu verfolgen. Ich hatte nicht daran gedacht, daß die geeignetste Karte für unsere Fahrt der Plan von Wien gewesen wäre. Da standen wir nun über dem Prater und bewegten uns kaum. Dadurch hatten wir natürlich Muße, alles genau zu sehen, was unter uns vorging. Wir schwebten nicht gar hoch, aber doch so hoch, daß das Ende der Schleifleine schon zu den „überirdischen Dingen" zu zählen war. Nach einiger Zeit, als wir die Hauptallee passiert hatten und über die Anlagen rechts von dem Konstantinhügel kamen, begann der „Saturn" plötzlich zu sinken. Wir kamen dicht über die Wiese hinweg und bemerkten bei der Gelegenheit, daß sich auf der Erde ein kleines Lüftchen erhoben hatte. Kaum

waren wir aus der untersten Luftschichte heraus, als wir schon
wieder beinahe stehen blieben. Lange konnten wir eine Lawn-
Tennis-Partie verfolgen, die auf einem der vielen Courts unter uns
gespielt wurde. So ein Ballon wäre am Ende ein ganz guter Sitz
für den „Umpire".

Im Schneckentempo näherten wir uns der Sophienbrücke. Wir
übersetzen den Kanal, und um $10^h 37$ waren wir im III. Bezirk.
Wir hatten also zu dieser geringen Entfernung Rotunde—Rasu-
moffskygasse volle 25 Minuten gebraucht. Wir schritten nun ganz
langsam gegen die Landstraße Hauptstraße vor und konnten dabei
genau sehen, wie in dem Hof der Reitschule Dertina Pferde geführt wurden.

Der Ausblick auf die innere Stadt mit dem Stefansturm als
Zentrum war prachtvoll. Die Stadt hatte nicht das planartige Aussehen, wie wenn man sie von hoch oben betrachtet, sondern jedes
einzelne Haus trat deutlich im Relief hervor, da wir noch immer
in einer ziemlich geringen Höhe — 300 Meter — schwebten.
Wir konnten genau die neuen Anlagen der Stadtbahn verfolgen;
wie ein breites Band zieht sich das teilweise überwölbte Wienbett
durch die Stadt. Die Wien selbst erschien uns wie einer der
sonderbaren Karstflüsse, die mitten in ihrem Laufe plötzlich irgend-
wo verschwinden und wo anders wieder auftauchen. Recht lustig
war's auch, die Züge der Stadtbahn zu verfolgen, wie sie abwechselnd oberhalb und unterhalb der Erdoberfläche ihren Weg
nahmen. Von oben sieht sich das ganz merkwürdig an, in einer
Perspektive, in der man die Ein- und Ausgänge des Tunnels nicht
bemerkt. Die Lokomotive scheint sich in die eigentlich über dem
Tunnel liegende Straße hineinbohren zu wollen, der Eisenbahnzug
wird immer kürzer, bis er vom Erdboden ganz verschwunden ist.
Nach kurzer Zeit scheint er an einer anderen Stelle wieder aus
der Erde hervorzuwachsen.

Über dem Schwarzenbergplatz, um $11^h 12$, begannen wir
plötzlich zu sinken, und zwar sehr stark; wir kamen auf 200 Meter

H. SILBERER.

Donaukanal, Sophienbrücke.

Höhe ca. 250 m.

WIEN 1901.

herab und noch tiefer. Um nicht zu landen, mußten wir einen
halben Sack Ballast opfern. Der Ballon fing zu steigen an, aber
er ging nicht hoch hinauf, denn eine böse schwarze Dunstwolke
drückte ihn immer wieder herab. In geringer Höhe kamen wir
nächst dem Naschmarkt vorbei und nahmen unsere Richtung gegen
Margarethen. Jedesmal, wenn wir uns der Erde näherten, bekamen
wir einen kleinen Schwung, und das war unser Glück, denn sonst
hätten wir ewig über Wien bleiben können; über 200 Meter war
nämlich soviel wie gar kein Luftzug. Die böse Wolke drückte
uns wieder einmal tief hinab, so daß wir auf der Wiedner Hauptstraße nochmals beinahe gelandet wären. Um diesem Spiel einmal ein Ende zu machen, warfen wir jetzt eine größere Menge
Ballast aus, und der Ballon durchbrach mit seiner Hülle richtig
die Dunstschichte. Halb untergetaucht, schwammen wir gewissermaßen auf dieser Schichte, die bis etwa 700 Meter Höhe reichte.
Erst um 12 Uhr kamen wir zur Südbahn, und bis gegen 1 Uhr
hatten wir noch Häuser unter uns.

Außerhalb Wiens ließen wir uns bei der Wienerberger Ziegel-
fabrik bis zum Boden nieder. Auf einen geringen Ballastauswurf
begann der „Saturn" wieder zu steigen, wir hüpften über die
Fabrik weg, stiegen höher und höher bis 1300 Meter, wo wir sehr
lange blieben.

Als der Ballon die Tendenz zu sinken zeigte, ließen wir ihn
ruhig herabgehen und schwebten dann eine Viertelstunde lang
knapp über dem Boden. Wir übersetzten so die Südbahn und
entschlossen uns gleich darauf zu landen, um die Berge und die
Weingärten zu meiden. Der Landungsort war günstig, die Verpackung des Ballons ging rasch vor sich. Von der Landungsstelle
zum Liesinger Bahnhof waren nur wenige Minuten zu gehen. Um
4 Uhr waren wir schon wieder in Wien angelangt.

Die sehr genußreiche Fahrt hatte bis $2^h\,12$, also genau vier
Stunden gedauert. Das gibt für die zurückgelegte Strecke von
nicht ganz 14 Kilometern eine mittlere Schnelligkeit oder besser

gesagt Langsamkeit von weniger als 3,5 Kilometer in der Stunde.
Was wir damit fertig gebracht haben, ist nicht ein Rekord der
Schnelligkeit oder Dauer, aber ein Rekord einer „Hofratsfahrt".
So nennt man nämlich in den österreichischen Luftschifferkreisen
eine Ballonfahrt, die so sanft und mit so zarter Landung verläuft,
daß nicht nur jede Dame, sondern auch der älteste Hofrat daran
teilnehmen kann.

H. Silberer.

Groß-Schweinbarth (Nieder-Österreich).
Höhe 140 m.

Wien 1912.

Die erste Hochfahrt des Aero-Klubs.

Wien, im November 1901.

Bekanntlich finden an dem ersten Donnerstag eines jeden Monats in Paris, Trappes, Straßburg im Elsaß, München, Wien, Krakau, Przemysl, Bath, Berlin und St. Petersburg zugleich Aufstiege von bemannten und unbemannten Ballons statt. Diese Simultanfahrten haben den Zweck der wissenschaftlichen Erforschung der Erdatmosphäre und der Veränderungen, denen diese unterworfen ist. Zu dem Behufe sind die Ballons sämtlich mit Instrumenten zur Messung des Luftdrucks, der Temperatur und der Feuchtigkeit ausgerüstet. Die unbemannten Ballons tragen in einem leichten, zum Schutz gegen die Sonnenstrahlung mit Silberpapier überzogenen Korb verpackt, selbstregistrierende Apparate und steigen mit diesen in Höhen, welche, wenigstens mit den jetzigen Hilfsmitteln, für Menschen unerreichbar sind. In den bemannten Ballons besteht die meteorologische Ausrüstung in einem Quecksilberbarometer, einem Aspirationspsychrometer, einem Haarhygrometer und, was auch nicht vergessen werden darf, einer Uhr. Das Aspirationspsychrometer ist ein Thermometer, dem durch ein Windrädchen mit Uhrwerk immer frische Luft zugeführt wird, damit tatsächlich die Lufttemperatur und nicht die strahlende Sonnenwärme gemessen wird. Das Haarhygrometer dient zur Bestimmung des perzentuellen Feuchtigkeitsgehaltes der Luft. Die Ablesung und Registrierung besorgt ein Herr des meteorologischen Institutes. Alle Resultate der Beobachtungen, sowohl die der bemannten als die der unbemannten Ballons, werden von den meteorologischen Anstalten der genannten Städte, wo Simultanfahrten stattfinden, an das Straßburger Institut geschickt. Dort werden sie gesammelt und von Professor Dr. Hergesell wissenschaftlich verarbeitet. Vereinzelt haben die Beobachtungen ziemlich wenig Wert.

Donnerstag den 7. November hat sich nun zum erstenmal der Aero-Klub an einer wissenschaftlichen Simultanfahrt beteiligt. Diese Fahrt unternahmen drei Personen, nämlich der von der meteorologischen Zentralanstalt entsandte Herr Dr. Josef Valentin, Herr Ingenieur Richard Knoller und ich als Luftkapitän.

Um 8 Uhr 5 Minuten früh traten wir unsere Reise an. Unten auf der Erde war es ziemlich kalt; der Reif lag dicht auf dem Grase, und alle froren gewaltig. Wir hatten uns für die Fahrt dementsprechend ausgerüstet; insbesondere was die Füße anbelangt, die bei einer Luftfahrt in kalte Regionen am meisten zu leiden haben, da sie der erwärmenden Sonnenstrahlung entzogen sind und außerdem nicht viel bewegt werden können. Dicke Gamaschen, Filzschuhe u. dgl. sind also sehr angezeigt.

Mit $12^1/_2$ Sandsäcken zu 22—23 Kilogramm verließen wir den Boden. Wir hatten einen ziemlich starken Auftrieb, doch hoben wir, als wir in 40 Meter Höhe angelangt waren, das zur Bequemlichkeit schon unten aufgerollte Schleifseil so langsam, daß gleich ein Ballastopfer notwendig wurde. Ein halber Sack hatte gar keine sichtbare Wirkung; der Ballon, der etwa die Hälfte des Seiles emporgehoben hatte, schwebte horizontal weiter, und zwar in nordöstlicher Richtung. Er schleppte das Seil langsam über die Bäume nach. Wieder warfen wir einen halben Sack aus, doch nützte das wenig; das Seil schleifte über einige Dächer weg, und erst nach Auswurf eines dritten halben Sackes verließ das Seilende die Erde. Zu einem entschiedenen Steigen, wie wir es wünschten, konnten wir den „Jupiter" aber erst durch Abgabe

H. SILBERER.   Dorf mit Flüßchen.   WIEN 1903.

Höhe 200 m.

eines weiteren halben Sackes Ballast veranlassen. Wir hatten
nun in weniger als fünf Minuten volle zwei Säcke Sand verbraucht.
Dieser Ballastverlust darf aber nicht vielleicht der Unempfindlich-
keit des Ballons zugeschrieben werden; denn der „Jupiter“ läßt
sich, wie sich neulich erst zeigte, schon durch Auswerfen ungemein
geringer Mengen Ballast beeinflussen. Vielmehr ist die unangenehme Einbuße den merkwürdigen meteorologischen Verhältnissen
zuzuschreiben. Über Wien und auch weiterhin ausgebreitet lag
nämlich ein dichter, kalter Nebelschleier, den wir, um in die Höhe
zu kommen, zuerst passieren mußten. Wir hofften, daß wir nach
Durchbrechung dieses Hindernisses in die warmen Sonnenstrahlen
kommen würden, aber weit gefehlt! Als wir in 300 Meter Höhe
in klarer Luft schwebten, mußten wir die unangenehme Tatsache
wahrnehmen, daß die Sonne, die wir uns erwünschten, von einer
sehr hohen, großen und beinahe leider bewegungslos erscheinenden Wolke verdeckt war. Wenigstens für uns, denn weiterhin im
Ungarischen sowie weiter im Norden und Süden waren die mannig-
faltig geformten Wolken unter uns von der Sonne beschienen.
Wir konnten in kurzer Zeit ein herrliches Panorama aus 800 Meter
Höhe betrachten.

Während des Steigens bis zu dieser Höhe hatten wir unsere
Richtung vollständig verändert; wir waren von dem nördlichen
Kurs immer mehr abgekommen und, nachdem wir die Donau
übersetzt hatten, in einem Bogen um die Lobau gefahren, um
schließlich einen ostsüdöstlichen Kurs einzuschlagen. Diese Richtung behielten wir von nun an bei.

Der Ballon bewegte sich mit einer namhaften Geschwindigkeit.
Wir schätzten diese ziemlich richtig auf 60 Kilometer in der Stunde.

Da es wegen der Beobachtungen darauf ankam, so hoch wie
nur möglich zu gelangen, und der Ballon daher nicht ins Sinken
kommen durfte, mußte immer von Zeit zu Zeit ein Viertelsack
Ballast ausgeworfen werden. So stieg der Ballon langsam höher
und höher. Demgemäß erweiterte sich auch der Ausblick; im

Südwesten hoben sich aus dem Dunst als prächtig blaue Silhouetten einige Alpengipfel empor, vor uns, aber tief unten ragten aus einem weißen Meer die ersten Karpathenkämme heraus, und südlich von uns glitzerte durch die Schäfchen hindurch der Neusiedlersee.

Über den kleinen Karpathen bemerkten wir einen Kollegen des „Jupiter"; ein Wiener Militärballon, der um 7 Uhr aufgefahren war, schwebte dort vor uns in einer Höhe von vielleicht 800 Metern. Inzwischen hatten wir 25 Minuten nach der Auffahrt schon mehr als das Doppelte dieser Höhe erreicht. Wir verloren den Ballon bald aus dem Gesichte.

In kurzer Zeit übersetzten wir die Donau und fuhren, immer höher steigend, über die kleine Schüttinsel hinweg. Die Gegenstände unter uns schmolzen immer mehr zusammen, denn wir stiegen auf 3000, auf 4000 Meter. Allerdings kostete dies große Ballastopfer. Wir entschlossen uns, alles herzugeben, bis auf $1^1/_2$ Sack, die wir als Bremsballast für die Ladung benötigten. Endlich kam die Sonne hervor, um uns in unseren Bemühungen zu unterstützen. Wir kamen nun richtig auf etwa 4850 Meter. Trotz der hier oben herrschenden Kälte, über 16 Grad, fühlten wir uns angenehmer als auf der Erde. Die Sonnenstrahlung ist nämlich in dieser Luft so mächtig und außerdem die Feuchtigkeit so gering, daß einem die eigentliche Lufttemperatur gar nicht zum Bewußtsein kommt — außer durch das Aspirationspsychrometer, welches Herr Dr. Valentin immer fleißig beobachtete. Dasselbe war nicht im Korbe selbst befestigt, sondern in Gemeinschaft mit dem Hygrometer an einer Schnur etwa zwei Meter weit von der Gondel aufgehängt und wurde zur Ablesung mittels einer zweiten Schnur, die bis in den Korb hineinreichte, herangezogen.

Nach einiger Zeit begannen wir zu sinken; wir kamen ungefähr bis auf 4700 Meter und stiegen dann, wahrscheinlich unter der Einwirkung der immer zunehmenden Sonnenstrahlen, auf fast 4950 Meter. Wir erreichten diese Höhe gerade, als wir über das

Gestüt Babolna flogen, welches von da oben sich wie ein ganz kleiner Bauernhof ausnahm. Während meine beiden Fahrgenossen sich sehr wohl befanden, hatte ich in dieser Höhe — welche die des Montblanc um ein Erkleckliches überstieg — ein etwas unangenehmes Gefühl; Dr. Valentin riet mir, möglichst viel zu essen und zu trinken, was ich auch getreulich befolgte.

Gar lange blieb der „Jupiter" nicht so hoch oben. Nach zwei Minuten ungefähr begann er wieder zu sinken, und diesmal war es entscheidend. Wir ließen den Ballon ganz ruhig fallen, ohne die absteigende Bewegung aufzuhalten. In raschem Tempo ging es abwärts bis 1400 Meter. Da kam die Zeit zu bremsen. Wir warfen nach und nach Ballast aus, und als wir $^3/_4$ Sack, die Hälfte unserer Reserve, ausgegeben hatten, waren wir in einer Höhe von 200 Metern über einem Dorf beinahe im Gleichgewicht. Mit abnehmender Höhe war auch der Wind, der uns oben recht rasch vorwärts getrieben hatte, viel schwächer geworden. Ganz sanft senkten wir uns auf einen bewaldeten Hügel nieder. Wir hätten, wenn wir den Ballon in seinem beschleunigten Fall belassen hätten, noch vor dem Dorf landen können; um aber den wuchtigen Aufprall zu vermeiden, zog ich es vor, noch den bewaldeten Hügel zu überfliegen. Die Fahrtrichtung des „Jupiter" ging gerade auf ein hübsches Landungsterrain zu. Aber dorthin sollten wir nicht kommen. Kaum begann unsere Schleppfahrt über die Bäume, als wir auch schon stehen blieben und gar umkehrten. Nach einer ganz schnurrigen viertelstündigen Spazierfahrt im Kreise, bei der wir nach und nach den restlichen Ballast verbrauchten, kamen wir wieder zum Dorf zurück, wo wir mit dem Beistand hilfsbereiter Bauern um 11^h 20 landeten. Das Dorf hieß Felsö-Galla, und die nächste größere Bahnstation war Bánhida (nächst Totis). Felsö-Galla ist von Wien in Luftlinie gemessen 113 Kilometer entfernt.

In aller Ruhe verpackten wir den Ballon und fuhren, nachdem wir uns bei einem gastfreundlichen Manne gestärkt hatten, nach Bánhida. Um halb 4 Uhr ging der Zug nach Wien ab, wo wir um 8 Uhr abends ankamen, zugleich mit dem Telegramm, welches ich um 3 Uhr in Bánhida aufgegeben hatte.

In Wien erfuhren wir erst, welcher Gefahr wir entronnen sind. Ein heftiger Sturm wütete in der Stadt, während wir über dem Walde von Felsö-Galla mangels an Wind nicht weiter kamen!

H. Silberer.

Dorf mit Steinbruch.
Höhe ca. 250 m.

Wien 1903.

Wien — Marburg.

Wien, Ende Juni 1902.

Über eine Woche dauerte es, bis diese Fahrt — die zweite Nachtfahrt des Aeroklubs im Jahre 1902 — zustande kam. Regenschauer und Stürme wechselten ab, bis endlich das Wetter am 26. Juni sich von einer freundlicheren Seite zeigte. Das drohende Gewölk war fortgezogen, der Wind war schwächer, dabei für eine weitere Fahrt immerhin noch hinreichend, und vor allem: er blies nach Süd-Süd-West, also in einer ziemlich seltenen Richtung.

Graf Heinrich Thun und ich nahmen allein an der Fahrt teil. Es wurde vorher erwogen, ob wir nicht auch M. Carton mitnehmen sollten, der heuer noch keine einzige Fahrt geleitet hat, doch beschlossen wir, lieber allein zu fahren, um gegebenenfalls länger in den Lüften zu bleiben und weiter zu kommen. Aus demselben Grunde wählten wir auch den zwar unbequemeren, aber dafür leichteren kleinen Korb.

Um $^1/_2$ 8 Uhr wurde die Füllung begonnen, die etwa drei viertel Stunden dauerte. Um $^3/_4$ 9 bestiegen wir die Gondel, und um 8^h 50 hieß es: „Los!"

Der „Jupiter" erhob sich nicht „langsam und majestätisch", wie die stereotype Formel für ganz gewöhnliche Fahrten lautet, sondern durch das Gewicht der schon vor der Abfahrt hinausgelegten Schleppleine erleichtert, ziemlich rasch bis zu einer Höhe von etwa 100 Metern. Nach entsprechendem Ballastauswurf equilibrierten wir den Ballon bald auf 200 Meter über dem

Boden. In dieser Höhe fuhren wir über den Prater, den Donaukanal, die Gaswerke und das Arsenal.

Wir führten 12 Sandsäcke a 25 kg mit uns, im ganzen also
300 kg Ballast; das klingt vielversprechend für eine längere Reise,
doch wir sollten in der Nacht schwere Verluste erleiden.

Der „Jupiter" hielt sich genau an die Südbahntrace. Um 9^h 18
passierten wir in 320 Meter Höhe Mödling, um 9^h 34 waren wir
in Baden. Die Lichter der vielen Ortschaften unter uns ermög-
lichten eine mühelose Orientierung. Bald verließen wir jedoch
die belebte Südbahnstrecke und verloren uns westlich in pech-
schwarz aussehende Seitentäler. Wir überflogen in einer nahezu
undurchdringlichen Finsternis einige bewaldete Höhen von circa
500 Metern und kamen über ein Tal, aus dem ein heftiges Pfauchen
und Grollen zu uns heraufdrang. Gleichzeitig bemerkten wir aus
der Tiefe feurige Dämpfe emporsteigen. Der liebe Leser möge
sich beruhigen. Wir befanden uns noch nicht über den Antillen
und auch nicht über der Neidhöhle, und das pfauchende Ungetüm
war weder der Mont Pelée noch Fafner, noch sonst irgend so
ein gefährliches Monstrum. Es war eine ganz prosaische Eisen-
bahnlokomotive, die sich weiß Gott abmühte, einen schweren Zug
über eine Steigung hinaufzuziehen. Weiter vorn, in der Richtung
des fahrenden Zuges gewahrten wir zwei hell erleuchtete Orte.
Wir rieten auf Pottenstein und Furth. Wahrscheinlich haben wir
uns aber im Tal geirrt. Die Endstation dürfte Puchberg gewesen
sein. Eine Orientierung in der Finsternis war beim besten Willen
nicht möglich. Trotzdem konnten wir unsere Fahrtrichtung ziemlich genau kontrollieren, weil wir noch lange Zeit hindurch deutlich den Widerschein der Wiener Lichter sehen konnten.

Wir hätten uns trotz der nächtlichen Stunde wohl zurecht
gefunden, wenn nicht ein Wolkenschleier die Sterne verdunkelt
hätte. Wir fuhren also, ohne zu wissen, wo wir waren, ins Gebirge hinein. Nach unserer allgemeinen Richtung zu urteilen, waren
es der Semmering und der Wechsel, die wir überflogen.

Wir hielten uns, als wir an die Berge kamen, zunächst so tief wie nur möglich, ohne die Leine schleifen zu lassen. Längere Zeit hindurch kamen wir mit 900 Meter Seehöhe aus, bald mußten wir aber auf 1000 Meter und auf 1200 Meter hinauf, was natürlich Sand kostete. Um 12 Uhr nachts streiften wir einen waldigen Kamm. Um nicht mit der Leine hängen zu bleiben, ein Schicksal, dem ich schon einmal verfallen war, warf ich neuerdings Sand aus. Immer höhere Berge erhoben sich vor uns aus dem Dunkel.

Plötzlich begann der Ballon, wahrscheinlich durch den Einfluß eines eigentümlichen feuchten Nebels, der uns jetzt umgab, zu sinken; wir streiften einen hohen Kamm und gelangten dann nach Ballastabgabe in eine Höhe von 1480 Metern.

Das Land unter uns verflachte sich nun, oder zum mindesten schien es sich zu verflachen. Genau konnte man von da oben das Terrain nicht sehen, hauptsächlich wegen des oben erwähnten Nebelschleiers; dafür erstrahlte uns jetzt der spät aufgegangene Mond in seinem vollen Glanz. Über uns war die Luft außerordentlich rein, und wir benützten die Gelegenheit, die Gebirge über uns, nämlich die Mondgebirge, mit einem Zeiß-Feldstecher anzuschauen.

Um 1 Uhr nachts glaubten wir in der Ferne einen großen Fluß zu sehen und mitten drin, wie auf einer Insel, zahlreiche Lichter. Was konnte das wohl sein? Wir kamen langsam näher, wurden aber deswegen nicht klüger. Man hörte ein beständiges Hämmern und Pochen herauf. Über dem Ort angelangt, begannen wir zu sinken, und zwar bis auf etwa 600 Meter; wir berührten mit unserem Seil unweit von dem fraglichen Ort den Boden. Während des Sinkens war uns klar geworden, daß der vermeintliche Fluß kein Fluß, sondern ein Tal war, durch das sich allerdings ein kleines Flüßchen schlängelte. Der Ort dürfte Gleisdorf, das Flüßchen die Raab gewesen sein.

Ein geringer Ballastauswurf brachte den „Jupiter" bis zu einer

Höhe von 2250 Meter. Als wir da oben anlangten — um 2 Uhr
— konnten wir das erste Morgenleuchten sehen.

Etwa eine halbe Stunde später fingen wir an, ganz langsam
zu sinken, was uns sehr angenehm war, denn es war oben schon
recht kalt geworden. Besonders mein Gefährte schien sich über
die Kälte nicht sonderlich zu freuen. Gut, daß er Pelz und Mantel
mitgenommen hatte. Wir ließen den Ballon jetzt ruhig fallen, um
auf dem Boden, beziehungsweise „auf der Schleifleine" die Sonne
zu erwarten. Anderthalb Stunden fuhren wir so dahin, inmitten
einer wunderschönen Landschaft, welcher das Leuchten des an-
brechenden Tages ein prachtvolles Aussehen verlieh. Hätten wir
diese genußreiche Fahrt durch die taufrischen freundlichen Täler
doch unbegrenzt verlängern können!

Jetzt wußten wir auch, wo wir waren. Auf wiederholtes Rufen
bekamen wir die Auskunft, daß wir uns in Steiermark befanden,
und daß wir auf Mureck zuflogen.

Um 4^h 10, gerade als wir Schloß Brunnsee überflogen, kam
die Sonne zwischen einigen leichten Wolken zum Vorschein. Sie
sah aus wie ein großes rotes Gitter (man verzeihe mir diesen
wenig poetischen Vergleich), denn mehrere feine langgezogene
Wölkchen teilten sie in lauter parallele Streifen.

Mit der Ankunft der Sonne war unser Abschied von der
Erde beschlossen. Die Sonne dehnte das Gas aus, und wir stiegen
und stiegen in einem fort, bis über 2600 Meter. Während des
Steigens passierten wir die Mur und gelangten über die Win-
dischen Bühel. In der Höhe fand unser flottes Fortkommen ein
jähes Ende. Wir blieben stehen. „Was tun?" sprach „Jupiter".
Wir halfen ihm aus der Verlegenheit, indem wir, kurz entschlossen,
die Ventilleine zogen. Graf Thun hatte recht; besser früher in
Wien zurück sein, als in der Luft — und in der Kälte! — regungslos
zu verbleiben, ohne Aussicht auf ein Weiterkommen. Wir hätten
noch einen schönen Teil des Tages oben bleiben können, denn
wir besassen noch 100 kg Ballast; doch war dies unter den ge-

gebenen Umständen höchst überflüssig. Wir ließen uns ganz langsam sinken und landeten nach einer kurzen Schleppfahrt über einige „Bühel" sehr glatt in einem Tal.

Einige Bauern halfen uns den Ballon verpacken. Als dies geschehen, kam ein Herr auf uns zu, stellte sich als Grundbesitzer Olschovsky vor und lud uns überaus zuvorkommend auf sein Gut ein. Wir folgten ihm gerne (und hungrig). Dem uns vorgesetzten ausgiebigen Frühstück und dem famosen Wein, Eigenbau unseres Wirtes, machten wir alle Ehre. Zur Mittagszeit verließen wir das Haus Olschovskys, welches den zutreffenden Namen „Willkomm-Hof" trägt. Ein Wagen unseres Gastfreundes brachte uns auf den Bahnhof nach Pößnitz. Von dort fuhren wir nach Mar-burg, woselbst wir Gelegenheit hatten, die Touristen-Automobile der großen Wettfahrt Paris-Wien durchfahren zu sehen. Heiß brannte in den staubigen Straßen Marburgs die Sonne.

„Die zwei Extreme!" bemerkte ich zu Graf Thun, „oben war's schauderhaft kalt, und jetzt diese Mohrenhitze ..."

„Wieso?" erwiderte mein Begleiter, „es ist doch gar nicht warm!" und hüllte sich behaglich in seinen Pelz, der ihm nachts so gute Dienste geleistet hatte.

„Na", dachte ich mir, „unser neuer Luftadept wird wenigstens nie unter Hitze zu leiden haben!"

Um 3 Uhr ging unser Zug von Marburg ab, um 9 Uhr abends waren wir in Wien. Wir schieden von einander mit den Worten: „Auf Wiedersehen zu einer weiteren Fahrt!" Damit soll nicht ge-sagt sein, daß wir diesmal unzufrieden waren. Wir waren im Gegenteil froh darüber, einmal in diese von Luftschiffern nur äußerst selten besuchte Gegend gekommen zu sein.

Eine Fahrt nach Thüringen.

Wien, im Oktober 1902.

Der September ging zu Ende, der Mond war im Abnehmen begriffen, und ich spähte nach einer passenden Gelegenheit, wieder einmal eine längere Ballonfahrt zu machen. Am 23. September nun — es ist gerade der Jahrestag der Fahrt nach Cuxhaven — scheint das Wetter günstig: klarer Himmel, starker Südostwind, im allgemeinen gleichmäßige Witterung. Der Entschluß zur Fahrt ist auch rasch gefaßt. Die Füllung des Ballons „Jupiter" wird für 6 Uhr abends angeordnet, unser Führer M. Carton verständigt. Ich besorge nachmittags noch Proviant usw., lade meinen photographischen Apparat mit Platten — zum ersten Male für eine Dauerfahrt — und begebe mich abends um $^3/_4$ 8 Uhr in den Prater. Es ist sehr kühl. Um 8 Uhr wird der „Jupiter" noch etwas nachgefüllt. Die letzten Vorbereitungen werden getroffen, um $^1/_2$ 9 Uhr sind wir — „Jupiter", M. Carton und ich — reisebereit. Der Wind zerrt den Ballon hin und her. In einem geeigneten Momente entläßt uns nach raschem „Auswiegen" des Ballons mein Präsident und Vater in die Lüfte.

Der Windstrom packt uns heftig und führt uns mit Siebenmeilenstiefel-Geschwindigkeit über die Wienerstadt hinweg. Um 8 Uhr 32 Minuten verließen wir im Prater die Erde, und um 8^h 38, das ist in nur 6 Minuten, schweben wir über der „Hohen Warte",

90

unweit von dem ausgedehnten Bahnhof von Heiligenstadt mit seinen hunderten von Lichtern verschiedener Farbe. Wir können nicht lange bei dem Anblick verweilen, denn in weiteren drei Minuten, um 8^h 41, sind wir schon über dem Kamm des Wienerwaldes, den wir ungefähr beim Hermannskogel passieren. Die Fahrt geht so schnell, daß ich kaum Zeit habe, mich des Näheren zu orientieren.

Wir sind mit $11^1/_4$ Ballastsäcken zu $23^1/_2$ kg und mit ziemlich viel Proviant und Ausrüstungsgegenständen, worunter zwei elektrischen Lampen, 29 Karten und einem photographischen Apparat mit 24 Glasplatten, aufgestiegen. Von dem Ballast mußte bald nach dem Auffahren etwas abgegeben werden. Auch ober dem Wienerwald werfen wir Sand aus.

Kaum sind wir über Hintersdorf oder Gugging gekommen, als den „Jupiter" in 600 Meter Seehöhe wirbelsturmartige Windstöße erfassen und förmlich hin und her werfen. Wir nähern uns Wolfpassing. Der Ballon schwankt immer mehr, und schließlich beginnt er, von einem neuen, von den Bergen kommenden Windstoß erfaßt, gegen die Donau hin rapid zu fallen.

Um nicht auf die Erde aufzuschlagen, sind wir gezwungen, einen Sack Ballast auszuwerfen. Dadurch wird das Sinken in 120 Meter vom Boden gebremst und, noch immer in heftigen Pendelbewegungen begriffen, passiert nun der wieder aufsteigende „Jupiter" die Donau. Ich fühle mich in dem Momente nicht besonders wohl, denn die Schwankungen des Ballons haben in mir das unangenehme Gefühl der Seekrankheit hervorgerufen. Glücklicherweise dauert das Schaukeln nicht länger fort. Durch weitere kleine Ballastabgaben bringen wir den Ballon in eine Höhe mit gleichmäßigem Luftstrom, nämlich in 1000 bis 1100 Meter Seehöhe. Hier oben geht die Fahrt mehr nach Norden als bisher. Wir kommen unweit von Stockerau vorbei und das bleibt vorderhand unsere letzte Orientierung. Das ansteigende Gelände, über das wir nun kommen, ist mit Dunst und Finsternis bedeckt.

In einiger Zeit beginnen wir wieder ein wenig zu sinken;

ugleich dreht sich auch unser Kurs mehr westlich. Unter 700 Meter Höhe weht ein Ost-Süd-Ost, ober 700 Meter ein Süd-Süd-Ost. Die Geschwindigkeit des Windes ist nicht mehr so groß wie über Wien, sie beträgt aber immerhin wenigstens 50 Kilometer in der Stunde.

Um 10 Uhr rollen wir in 800 Meter Höhe das Schleppseil ab. Der Mond ist bereits aufgegangen. Um 11 Uhr fliegen wir über die seenreiche Gegend von Wittingau.

Es wird nach und nach grimmig kalt; eine starke Kondensation macht sich fühlbar, wir haben bald vier Säcke Ballast verbraucht. Wenn man so im Korb sitzt und Zeit zum Nachdenken hat, kommt man hie und da auf Ideen, und so ersann ich denn eine für kalte Nächte empfehlenswerte Benützung der sonst zwecklosen leeren Säcke. Man zieht die Säcke, wenigstens je zwei, übereinander als Überschuhe an und den großen Netzsack drüber.

Bis um $^1/_4$5 Uhr verläuft die Nacht ohne bemerkenswertes Ereignis. Jetzt aber erblicken wir eine größere Stadt vor uns. Es dauert eine gute halbe Stunde, bis wir in ihre Nähe kommen. Zu dieser Zeit bemerken wir das erste Tagesgrauen. Um $^1/_4$6 Uhr ist es schon ziemlich hell. Wir schweben nicht hoch über dem Erdboden, rufen hinunter und fragen nach dem Namen der nahen Stadt. Es wird geantwortet, aber wenig verständlich.

Nach $^3/_4$6 Uhr, wo es schon sehr hell ist, kommen wir über Felder, auf denen Bauern beschäftigt sind; wir rufen wieder hinunter und bekommen die Auskunft, daß wir bei Wunsiedel in Bayern sind, also in der Nähe von Baireuth, wo vor einigen Wochen der Pariser Aeronaut Graf de la Vaulx gelandet ist. Die vorher genannte Stadt ist Eger gewesen.

Noch vor 6 Uhr geht die Sonne auf. Wenn man das Erscheinen des Sonnenballs auch wiederholt beobachtet hat, bietet dieses Schauspiel doch stets neue Überraschungen. Die hübsche Landschaft in der Nähe des noch in leichten Dunst gehüllten Städtchens Wunsiedel scheint zuerst rosig übergossen; bei dem

92

H. Silberer.

Landschaft nächst Wunsiedel,
aus 70 m Höhe geradeaus nach vorne aufgenommen.

Wien 1902.

Aufsteigen der Sonne schwellen die Farbenklänge in dem Landschaftsbilde erst leise, dann immer stärker an, bis zur Helligkeit des vollen Tageslichtes.

Der Sonnenball selbst nimmt bei seinem Erscheinen über dem Horizont ganz abenteuerliche Formen an. Durch verschiedene Brechung der Strahlen erhält die Sonne abwechselnd die Gestalt eines Fasses, einer Soldatenmütze, eines Rettichs usw.

Um $1/_2 7$ Uhr beginne ich mit den photographischen Aufnahmen: flaches Terrain, ein kleines Dorf, waldiges Terrain mit Wasser und anderes.

Wir überfliegen das Fichtelgebirge, dessen felsige Partien wir von oben bewundern, und sind um $1/_2 8$ Uhr in der Nähe von Goldkronach. Um 8 Uhr erreichen wir eine Stadt (Münchberg), und nun verlangsamt sich unser Flug ganz wesentlich. Beim Passieren des Fichtelgebirges haben wir zugleich unsere Richtung geändert. Bei Wunsiedel hatten wir nahe der Erde einen beinahe rein westlichen Kurs, und jetzt, in 1200 Meter Höhe, wohin uns die Sonnenwärme gebracht hat, fliegen wir nach Nord-Nord-West, und zwar sehr langsam.

Der „Jupiter" steigt immer höher, bis er um 8^h 28 2600 Meter erreicht. Das ist das Maximum. Hier oben geht fast gar kein Wind, und wir beschließen daher, bei nächster Gelegenheit eine tiefer liegende Luftschicht aufzusuchen. Um 9 Uhr fängt der „Jupiter" langsam zu sinken an, und wir trachten, ihn in 1300 Meter ins Gleichgewicht zu bringen, was auch gelingt. In dieser Höhe geht's nach Nord-Nord-West weiter. Es bleiben uns noch vier Sack Ballast; unsere Verluste in der Nacht waren sehr beträchtlich gewesen. Ein großer Teil des Sandes ist durch die Wassermengen verloren gegangen, die sich auf der Ballonhülle kondensiert haben und bei den ersten Sonnenstrahlen teilweise gleich einem Regen vom Ballon abgetropft, teilweise verdunstet sind. Vor Sonnenaufgang dürfte der Ballon sehr schwer mit Reif bedeckt gewesen sein.

Leider haben wir die Orientierung verloren und wissen einige Stunden hindurch nicht, wohin wir segeln. Erst um $^3/_4$11 Uhr entdecken wir an den Windungen der Saale wieder, wo wir eigentlich sind. Zum Dank für die große Zuvorkommenheit dieses Flusses photographiere ich von 1000 Meter Höhe die charakteristische Schlangenwindung. Wir steuern auf Pößneck zu, das wir um 11^h 16 erreichen.

Es ist mittlerweile sehr heiß geworden. Wir lassen das Ankerseil hinab, und nach dieser Anstrengung nehmen wir unser Mittagsmahl ein. Dieses besteht aus Sandwiches und Obst.

Da der Ballon Tendenz zum Sinken zeigt, schütten wir Ballast aus, und zwar um die restlichen 2$^3/_4$ Säcke Sand zu schonen, benutzen wir das mitgenommene Waschwasser als Ballast. Das Wasser an Bord ist ein gutes Auskunftsmittel. Man kann sich damit waschen und erfrischen, Geräte reinigen und schließlich bildet es einen bequemen Ballast. Nach dem Wasser kam als Ballast das übriggebliebene Obst an die Reihe, wovon sich namentlich die Zwetschken als außerordentlich praktisch und handlich erwiesen. Für subtile, fein berechnete Ballastmanöver sind sie ganz einzig: man rechnet ein Meter pro Zwetschke, 18 Meter gleich 18 Zwetschken oder umgekehrt. Das sind so die kleinen Unterhaltungen bei einer Dauerfahrt im Ballon.

Um $^1/_2$1 Uhr fahren wir zwischen Jena und Weimar durch. Im Zauber der klassischen Städte strenge ich mich an, zu sehen, wie da unten die Hexameter und Pentameter gemacht werden, sehe aber nichts dergleichen, wohl aber einen zeitgenössischen — Schmetterling, der uns in 1000 Meter Höhe umgaukelt. Das klingt wie symbolisch.

Um $^1/_2$2 Uhr fällt der Ballon sehr ernstlich. 1$^3/_4$ Säcke gehen drauf. Es erfolgt beinahe eine Landung, Bauern ergreifen das Schleifseil. Auf unser Verlangen lassen sie aber wieder los.

Wir steigen nochmals bis zu 1300 Meter Höhe — eine Gleichgewichtszone — wo wir längere Zeit bleiben. Wir lassen Apolda

94

H. Silberer.

Dorf mit Teich.

Fichtelgebirge; Höhe 120 m.

Wien 1902.

rechts liegen und fahren auf einen Wald zu. Etwa 500 Meter davor beginnt der „Jupiter" zu fallen, die untere Luftströmung trägt ihn einem günstigen Landungsterrain zur Linken des Waldes zu; wir lassen es geschehen, nur bremsen wir ein wenig mit Ballast. Um $^3/_4$3 Uhr berührt unser Korb nächst Burgwenden den Boden.

Helfer sind bald zur Stelle. Der Ballon wird rasch entleert.

Während der Manipulationen kommt ein Herr auf uns zu und stellt sich als Oberförster John vor. Durch seine Zuvorkommenheit und seine Autorität leistete er uns vortreffliche Dienste: Alles geht wie am Schnürchen. Wir bekommen bald einen Wagen nach dem Städtchen Cölleda. Der Inhaber des dortigen Hotels zum „goldenen Stern", Herr Julius Schmidt, schien über die seltenen Gäste sehr erfreut. Und so wie es jetzt gang und gäbe ist zu fragen: „Haben Sie nicht den kleinen Cohn gesehen?", so wurde dort gefragt: „Haben Sie die Luftschiffer gesehen?" Auf dem Bahnhof in Cölleda deponierten wir sogleich unser Gepäck. Einer der Träger fand bei der Gelegenheit, daß ich, ein Wiener, ganz gut — deutsch spreche, worüber er sich höchlich zu verwundern schien.

Die Nacht von Mittwoch den 24. auf Donnerstag den 25. September brachten wir im „goldenen Stern" in Cölleda zu, und am Morgen dampften wir mit einem heillos langsamen Zug von dort ab. Mit mehrfachem Umsteigen und Umladen ging's dann über Großheringen, Leipzig, Dresden, Bodenbach und Prag nach Wien. Durch die wenig zuvorkommende Zollbeamtenschaft in Bodenbach — oder, um gerecht zu sein, nur durch den Mangel an Entgegenkommen des betreffenden Chefbeamten — hatten wir unnötigerweise Zollscherereien in Wien, indem „Jupiter" in Bodenbach plombiert wurde. Daß dies unnötigerweise geschehen, erhellt daraus, daß der nämliche „Jupiter" die nämliche Grenze schon mehrmals passiert hat, ohne daß man eine Plombierung für notwendig erachtet hätte. Am Morgen des 26. September waren wir in Wien.

Nachmessungen auf der Karte ergeben für unsere Ballonreise folgende Geschwindigkeiten. Für den ersten Teil der Fahrt, Wien—Wittingau durchschnittlich 60 Kilometer in der Stunde; über Wien und dem Wienerwald dürfte die Schnelligkeit nahe an 70 Kilometer gewesen sein. Für die Strecke Wittingau—Eger 37 Kilometer; für das Stück Eger—Fichtelgebirge, das mit Westkurs zurückgelegt wurde, 17,5 Kilometer in der Stunde; diese Schnelligkeit — oder vielmehr schon Langsamkeit — behielten wir auch bei der darauffolgenden nordwestlichen Fahrt nahezu unverändert bei. Da die Distanz Wien—Burgwenden in gerader Luftlinie 513 Kilometer beträgt, der Ballon aber bis dahin einen weiten Umweg gemacht hat, ergibt sich eine mittlere Fahrgeschwindigkeit von ungefähr 30 Kilometer. Schade, daß der bis dahin gute Wind bei Eger derart abgeflaut ist. Wir wären in einer wenig befahrenen Richtung sehr weit gekommen, wenn der Wind in seiner ursprünglichen Stärke und Richtung angehalten hätte. Im ganzen war unsere Fahrt übrigens sehr befriedigend, und sie war außerdem in vieler Hinsicht lehrreich und interessant. Zudem scheint auch die photographische Ausbeute teilweise recht gelungen zu sein; sie bildet eine anschauliche Erinnerung an eine schöne Reise.

H. Silberer.

Windung der Saale, unweit Pößneck.

Höhe ca. 1000 m.

Wien 1902.

Die erste Nachtfahrt 1903.

Wien, im Juni 1903.

Donnerstag den 11. Juni, am Fronleichnamstage, wurden die Vorbereitungen für die erste diesjährige Nachtfahrt des Aero-Klubs getroffen. Die Fahrt fiel zwar nicht sonderlich lang aus, doch war sie so reich an Abwechslung, daß es wohl dafür stehen dürfte, ihren Verlauf zu erzählen.

Einige Tage vor Fronleichnam hatten ich und mein Klubgenosse J. E. Bierenz vereinbart, daß wir zusammen in den nächsten Tagen eine Nachtfahrt unternehmen wollten. Der starke Sturm, der sich bald darauf erhob, verhinderte für den Augenblick die Ausführung des Projektes; man mußte darauf warten, bis der allzu heftige Wind sich abschwächen würde, was übrigens sehr rasch geschah. Während am 10. Juni, am Vortage des Belgrader Königsmordes, noch ein starker Sturm wehte, war es am Morgen des Fronleichnamtages, als die Sensationsdepeschen aus Serbien nach Wien geflogen kamen, wunderbar schön und ruhig, so daß ich gleich zu Herrn Bierenz ging, um ihn aufzufordern, das eingetretene günstige Wetter nicht unbenützt vorbeigehen zu lassen. Er erklärte sich bereit, mitzufahren, um so mehr als die Epoche der großen Ereignisse ja so wie so hereingebrochen war. Auf eines mehr oder weniger kam's schon nicht mehr an.

Bei Tag wurde noch alles Nötige besorgt; ich beobachtete

die Wolken, die langsam nach Nordwesten zogen, und bereitete
die Landkarten nach dieser Richtung vor.

Nachmittag umzog sich der Himmel mit drohendem Gewölk.
Es wurde ganz finster, und um 3 Uhr schien es, als müßte jeden
Moment ein Platzregen hernieder fallen. Es kam aber nicht ein
Tropfen zur Erde; die Wolken verzogen sich, und die Sonne drang
wieder durch. So schön wie am Morgen wurde es freilich nicht
mehr; es blieben immer noch einige Schatten am Himmel hängen,
die sich gegen Abend sogar vergrößerten. Regen schien indes
nicht zu befürchten.

Nochmals konstatierte ich den mittlerweile viel langsamer
gewordenen Zug der Wolken nach Nordwest und nahm daher die
mittags vorbereiteten Karten (das Blatt „Wien" und die nördlichen
bis westlichen Blätter 1:200000 und 750000, sowie einige Über-
sichtskarten) mit. Um $^1/_4$9 langte ich mit diesen Karten und der
sonstigen Reiseausrüstung (elektrischen Lampen, Proviant, photo-
graphischem Apparat etc.) auf dem Klubplatze an, woselbst der
„Jupiter" schon gefüllt dastand.

Einige Versuchsballons, die man steigen ließ, wurden von
einem verhältnismäßig starken Winde nach Ostsüdost getrieben.
Es hatte sich nämlich gegen Abend nahe der Erde eine ganz
respektable Windströmung erhoben, der man bei der Auffahrt
natürlich sorgsam Rechnung tragen mußte.

Einige Minuten vor $^3/_4$9 traf mein Begleiter ein; wir stiegen
bald darauf in die Gondel, und kurz vor 9 Uhr wurde der Ballon
hinaufgelassen und an die geeignete Abfahrtsstelle transportiert.
Er begann infolge des Windes stark hin und her zu schwingen,
der Fahrwart, mein Vater, entließ uns aber in einem gut gewählten
Moment, so daß von einem Pendeln des Korbes bei der Weg-
fahrt nichts zu spüren war.

Wir verließen die Erde um 8^h 56 (Bahnzeit) mit 10 Säcken
Ballast à 23 kg und einem sehr starken Auftrieb, der uns in
8 Minuten bis auf 1400 m Seehöhe brachte. Im ersten Moment

98

des Aufsteigens ging's rapid nach Ostsüdost, aber je höher wir kamen, desto mehr wurde der Flug des Ballons gehemmt, bis wir endlich ganz stehen blieben. Wir befanden uns genau ober den Ställen des Trabrenn-Vereines. Vor uns breitete sich Wien, das sich aus dieser Höhe in seiner ganzen Ausdehnung vollkommen deutlich übersehen ließ, mit seinen tausenden und abertausenden perlenden Lichtern aus. Das Bild, das sich uns bot, war eine Art leuchtendes Gerippe, das die allgemeinen Formen der Haupt-straßen erkennen läßt, ohne irgendwelche Details zu zeigen. Charakteristisch abgegrenzt ist die innere Stadt; die wichtigsten Straßen, die vom Ring aus nach der Peripherie gehen, sind auch leicht zu erkennen; der Südbahnhof mit den zwei Reihen Bogen-lichtern, der Staatsbahnhof fallen auf und sind gute Orientierungs-punkte. Überhaupt erkennt man erstaunlich leicht alle halbwegs bedeutenden Straßenlinien und Komplexe. Einen grellen Licht-haufen stellte der Englische Garten dar, aus dem sich possierlich ein kleines Ringelchen — das Riesenrad — erhob.

Über eine halbe Stunde lang konnten wir von unserem hohen Standpunkte aus das reizende Lichterbild betrachten, noch dazu bei einer guten Militärmusik, die mit gedämpftem Schalle zu uns heraufdrang. Merkwürdig ist jedenfalls, daß wir gerade nur die eine Kapelle aus dem Trubel der Pratermusiken heraushörten; die helltönenden Blasinstrumente drangen allein zu uns herauf; die Klänge kamen gleichsam geläutert, sozusagen filtriert, zu uns herauf, und ich kann nur jedermann, der sich im Prater einen musikalischen Genuß verschaffen will, empfehlen, sich einen Stand-punkt in 1200 m Höhe über dem Boden zu wählen. Die einzige Begleitung der Blechinstrumentenmusik ist ein dumpfes, rauschendes Rollen: der allgemeine Stadtlärm.

Dies alles zu beobachten hatten wir, wie gesagt, sehr viel Muße, weil wir immer auf demselben Fleck standen, oder, um genau zu sein, uns ganz langsam vom Trabrennplatz wieder auf die Rotunde zu bewegten. Nach einiger Zeit begann der „Jupiter"

langsam zu sinken. Zugleich bekamen wir auch wieder Gang
nach Südost, und diese Richtung behielten wir vorderhand auch
bei. — „Belgrad! . . . ich hab's ja gleich gesagt!" meinte Bierenz
scherzweise. (Und ich hatte die Karten nach Böhmen mitgenommen! Das einzige Blatt „Wien" konnte uns zu etwas nütze
sein, doch es reicht östlich nur bis zum Neusiedlersee!)

Um 9^h 54 verließen wir in 500 m Höhe die letzten östlichen
Grenzen Wiens. Nach geringem Ballastauswurf gelangten wir wieder
in 1100 m, dann nach einer Schwankung bis auf 1220 m Höhe, woselbst wir mehrmals in kühle Wolken tauchten. Um $^3/_4$ 11 Uhr
befanden wir uns bei Ebergassing in 900 m Höhe. In einer durch-
schnittlichen Höhe von 450 m flogen wir weiter durch das Dunkel,
immer südöstlich und sehr langsam. Der Nachtgesang der Vögel,
der Grillen und der Unken und Frösche drang zu uns herauf;
unter den letzteren zeichnete sich ein Sänger ganz besonders aus.
Lange Zeit konnten wir sein schnarrendes Liebeswerben hören. Im
Nordwesten nahmen wir noch deutlich die Lichter von Wien wahr.

Gegen 11 Uhr kamen wir auf das schon früher hinabgelassene
Schleifseil, und zwar equilibrierten wir uns dergestalt, daß gerade
nur ein oder zwei Meter des Seiles den Boden berührten. So
fuhren wir gemächlich dahin und bemerkten dabei, daß uns der
Wind nahe der Erde nach Ostsüdost trieb (gerade so wie die
kleinen Versuchsballons in Wien geflogen waren), während wir
höher oben (unterhalb 1000 m) stets rein südöstlichen Kurs ein-
gehalten hatten.

„Wenn wir so weit unten fahren, ist es aber nichts mit
Belgrad", meinte Bierenz. Ich mußte das natürlich zugeben; der
einzige Trost war der, daß wir durch Höherfahren auch nicht
hinkommen würden.

Um 11^h 20 fuhren wir knapp an einem Fabriksgebäude mit
hohen Rauchfängen vorbei; gleich darauf wurden wir angerufen.
Zwei Männer hatten uns von einer Straße aus bemerkt. Wir benützten die Gelegenheit, um zu fragen, wo wir seien.

100

„In Mannersdorf!“

„Was ist das für ein Berg vor uns?“

„Der Leithaberg. Wenn sie da weiterfahren, kommen Sie ins Gestrüpp.“

„Danke, wir werden schon achtgeben.“

Langsam klommen wir, die Spitze der Leine noch auf dem Boden nachschleppend, an dem Berg empor. Da plötzlich tönte es ober uns:

„Tak, tak, tek-terek, plek-tek — rrrrr . . .“

Prasselnd fiel der Regen auf den oberen Teil der Ballonhülle, und rings um uns her wurde es plötzlich grau.

Um dem Ballon seinen Auftrieb zu erhalten, warf ich zunächst einen halben Sack auf einmal aus. Das hatte die Wirkung, daß der Ballon langsam zu steigen anfing. Bald mußte aber ein zweiter halber Sack nachfolgen und wieder einer. Nicht lange darauf hatten wir nur mehr $6^3/_4$ Säcke. Es war recht ungemütlich. Es begann nun auch kalt zu werden. Wir wickelten uns in die Ballon- und Korbplachen, um uns gegen die feuchte Kälte zu schützen.

Um $^3/_4$12 Uhr hatten wir den Kamm des Leithagebirges überquert, und um Mitternacht blieben wir wenige hundert Schritte vor dem Rande des Neusiedlersees in etwa 800 m Höhe nahezu stehen.

Kaum mit der Geschwindigkeit eines Fußgängers — „langsam aber sicher“ — bewegt sich der „Jupiter“ gegen den See zu. Und dabei schwindet ein halber Ballastsack nach dem andern. Schöne Aussichten, wenn das so weiter geht. In wenigen Stunden kann unser Ballast verbraucht sein, und dann müssen wir landen. Aber wo? Das Landungs-„Terrain“ vor uns ist der See, das nasse, kalte Wasser. Ein Drüberkommen ist bei unserem Schneckentempo so gut wie ausgeschlossen. Oder sollen wir's doch versuchen und dann am Ende mitten über dem See mit dem Ballast fertig werden, Proviant, Vorräte, Instrumente, Kleider etc. hinaus-

werfen u. s. w. u. s. w., wie es in den schrecklichen Beschreibungen
der gefährlichen Meerfahrten gar gruselig aber lehrreich zu lesen
ist? Sollen wir am Ende von den Fluten einer elenden Lache
verschlungen werden? Nein! Lieber mutig umkehren und nach
Wien zurückfahren. Also heiliger Santos, steh' uns bei!

Es gilt nun, den Ballon zu lenken. Wir werfen wieder
Ballast aus, um in die entgegengesetzte obere Windströmung zu
gelangen, die uns zurücktreiben soll. Hoffentlich ist sie noch vorhanden. Wir steigen, steigen auf 1000, steigen auf 1200, auf
1400 m; nichts rührt sich. Wir bleiben stehen, wie fesgenagelt.
Sollten wir mit dem elenden See denn wirklich nicht fertig werden?

Mit dem Ballast muß gespart werden. Alles, was uns bleibt,
sind $5^1/_4$ Säcke. Wir schütten nach und nach alles mitgenommene
Wasser aus. Wieder steigt der Ballon ein wenig. Um $^1/_4$1 Uhr
sind wir auf 1600 m Höhe. Jetzt kommen zwei Flaschen Mineral-
wasser dran. Sie werden uns so wie so nichts mehr nützen.
Noch ein wenig Sand um den „Jupiter" im Steigen zu erhalten,
und siehe, in 1700 m Höhe ist die gesuchte Luftströmung. Langsam entfernen wir uns von dem See, indem wir genau denselben Weg zurück nehmen, den wir gekommen; nur um
1000 m höher. Erfreulicherweise hört es nun auch zu regnen auf.
Um $^1/_4$2 sind wir wieder ober unserem geliebten Mannersdorf,
und um $^1/_2$2 behauptet mein Begleiter Bierenz, genau denselben
Frosch, den ich seiner gesanglichen Leistungen wegen schon erwähnt
habe, wieder zu hören.

Sehr befriedigt über unser gelungenes Manöver fuhren wir
nun geradeswegs auf Wien zu, dessen Lichter wir wieder ganz
deutlich sahen. „Eine Landung in Wien, das wäre ja glänzend",
sagte ich zu Bierenz, der mir darauf die Reize einer Landung in
Wien in den allerlebhaftesten Farben zu schildern begann. Unser
Streben und Trachten ging also jetzt nach Wien. Ich dachte
schon über die Abfassung des Landungstelegramms nach, das wir
von dem Landungsort Wien nach dem Aufstiegsort Wien senden

würden und dergleichen mehr. Leider wurde nichts daraus. Die Lenkbarkeit des „Jupiter" hatte ein Ende. Er war jedenfalls der Ansicht, mit unserer Errettung aus den Gefahren der kalten Fluten genug getan zu haben und ließ sich nicht ferner lenken. Langsam flogen wir jetzt nach Süden. Bald begannen wir aber auch zu sinken. Um nicht abermals in den nach Südost gerichteten Luftstrom zu gelangen, warfen wir wieder etwas Ballast aus. Wir fingen wieder an zu steigen und durchbrachen schließlich die schon etwas lockerer gewordene oberste Wolkendecke. In 2200 Meter Höhe hatten wir eine wunderbare Mondnacht und unter und neben uns ein Meer von wogenden Wolken. Diese zeigten sich uns in den sonderbarsten Gestalten und Abtönungen, und wir beschäftigten uns längere Zeit damit, verschiedene Tiere u. s. w. herauszufinden. Die Lagerung der Wolken in verschiedenen Schichten hintereinander und in der magischen Mondbeleuchtung ließ uns Vergleiche mit Theaterdekorationen anstellen. Jedenfalls war der Genuß der schönen, ruhigen Mondnacht jetzt nach den vorhergegangenen Unannehmlichkeiten doppelt schön. Einen Moment lang hatten wir Gelegenheit, an einer nahen Wolke die blasse Aureole des Ballons im Mondlicht zu sehen. Das interessante Phänomen verschwand leider sehr rasch, da wir uns von der Wolke bald entfernten.

Um $^1/_2$3 Uhr machte mich Herr Bierenz auf die ersten Anzeichen des herannahenden Tages, einige farbige Streifen im Osten, aufmerksam. Es wurde bald merklich heller, und die Streifen erstrahlten in immer intensiverem Lichte. Um $^3/_4$3 Uhr erreichten wir die größte Höhe dieser Nacht, 2340 Meter Seehöhe. Etwa zehn Minuten blieben wir da oben, dann begann der „Jupiter" ganz sachte sich niederzusenken. Die Wolken unter uns verschwanden nach und nach, aber von Westen und von Süden tauchten neue schwere Wolkenmassen auf. Der frei gewordene Ausblick auf die Erde erlaubte uns, die horizontale Bewegung des Ballons zu kontrollieren. Wir sahen, daß wir beinahe stille standen. Nahezu senkrecht unter uns befand sich eine Ortschaft; wenigstens eine halbe Stunde blieben wir über ihr stehen.

Um $^1/_2 4$ Uhr waren wir bis auf 1350 Meter Seehöhe herabgesunken, wo wir uns längere Zeit ohne jeden Ballastauswurf im Gleichgewicht erhielten. Hier fing „Jupiter" auch an, sich weiterzubewegen, nicht rasch, aber doch ganz merklich. Es war mittlerweile so hell geworden, daß wir die Gegend, die wir überflogen, mit Hilfe der Karte genau feststellen konnten. Im Westen und Nordwesten zeichneten sich in scharfen Umrissen die dunklen Rücken des Wienerwaldes und dessen Ausläufer. Über dem Wiener Becken lag eine graue Nebelschichte. Die Ortschaft, über welcher wir so lange gestanden, war Wimpassing, und wir steuerten nun gerade auf den Südwestrücken des Sonnenberges (Leithagebirge) zu.

Um 4 Uhr überquerten wir in geringer Höhe diesen Rücken, kamen dann um $^1/_2 5$ Uhr südlich von Eisenstadt vorbei, passierten Siegendorf, Wolfs und Holling, jenen Ort am Südende des Neusiedlersees, wo die erste Ballonfahrt, welche der Aero-Klub veranstaltet hat (am 9. August 1901 mit den Herren E. Carton [Führer], Dr. Oskar F., Mr. Benzin und Herbert Silberer) endigte. Die genannten Orte ließen wir alle rechts liegen.

Der „Jupiter" suchte nun immer tiefere Regionen auf, bis er etwa um $^3/_4 5$ Uhr eine bleibende Gleichgewichtslage 200 Meter über dem Boden annahm. Unser Kurs, der von Sonnenberg bis Holling nahezu genau Südost gewesen, veränderte sich nun in Ostsüdost. Wir kamen hart an das sumpfige Ufer des Sees heran, passierten Hegykö und Eszterháza, immer in gleicher Höhe schwebend, ohne Ballast auswerfen zu müssen. Diese stabile Gleichgewichtslage ist am Morgen öfters, aber doch nicht allzu häufig zu beobachten. Sie wird wohl ihren Grund in einer besonderen Verteilung der Temperatur in den verschiedenen Luftschichten haben; die oberen Luftschichten dürften verhältnismäßig kühl sein und den Ballon nicht tragen können, so daß er sinkt; die untersten Luftschichten aber warm, so daß der Ballon auf dieser warmen Luft quasi schwimmt. Wäre eine solche Verteilung nicht vorhanden, so müßte der einmal sinkende Ballon bis auf die Erde kommen, wofern er nicht entlastet wird, und müßte bei der geringsten Neigung zum Steigen wieder seine „Prallhöhe," in unserem Fall jedenfalls mehr als 2000 Meter erreichen. Wäre der Himmel nicht bedeckt gewesen, und hätte die Sonne, die zwar natürlich schon längst aufgegangen war, aber sich hinter den Wolken versteckte, auf den Ballon geschienen, so wäre dieser auch gewiß ins Steigen gekommen und hätte seine frühere Maximalhöhe (2360 Meter) überschritten. Da aber die Sonne verdeckt war, blieb die Wirkung aus, und wir schwebten, was, wie gesagt, nicht zu oft der Fall ist, mit dem schlaffen Ballon im vollständigen Gleichgewicht — wohlgemerkt, ohne daß die Schleifleine den Boden streifte. Letzteres geschah erst gegen $^1/_2$6 Uhr hin und wieder, und so oft dann etwas Ballast ausgeworfen wurde, erhob sich der Ballon nur wenig, um in einiger Zeit wieder langsam herabzusinken. Wir fuhren recht angenehm und mit ungefähr 20 Kilometer Geschwindigkeit über das ungarische Flachland dahin. Herr Bierenz löste mich jetzt in der Führung des Ballons ab und wußte den Ballon stets gleichmäßig in seiner niedrigen Lage, im Mittel 350 Meter Seehöhe, zu erhalten; hie und da legten wir eine Strecke mit nachschleppendem Seil zurück. Plötzlich begann es zu regnen. Ein größerer Ballastauswurf war erforderlich. In wenigen Minuten hörte der Regen auf, begann aber dann von neuem. Es mußte wieder Ballast ausgeworfen werden, so daß der Ballon steigende Tendenz bekam. Gleichzeitig änderte sich unser Kurs in Südost. Wir passierten ein Dorf und warfen eine farbige Papierschleife hinab. Unten große Sensation, Jagd nach der fliegenden Schleife. Dieselbe fällt glücklich in einen Teich, einige Meter vom Ufer, der vorderste Verfolger läßt sich dadurch nicht beirren; mutig steigt er in das Naß, um die kostbare Schleife herauszufischen. Sie wird sofort von den Hinzukommenden in Fetzen zerrissen, und jeder nimmt sich zum Andenken ein Stück mit.

Mittlerweile hat sich die steigende Tendenz des „Jupiter" vergrößert. Es ist, als hätte er plötzlich neue Lebenskräfte bekommen. Rapid geht er jetzt in die Höhe. Im Nu sind wir in der ersten Wolkenschichte. Dieselbe ist sehr dünn und schütter und liegt in 1600 Meter Höhe. Wir steigen rasch weiter und gelangen bei 2500 Meter Höhe in etwas dichtere Wolken. In 3000 Meter haben wir diese Wolkenschichte passiert, über uns ist wieder eine Wolkenschichte, und zwar eine ziemlich gleichmäßig aussehende Decke. Bald tauchen wir auch in diese hinein. Grau rings umher. In einiger Zeit wird es lichter, blendend hell, über uns klärt es sich, links und rechts werden große, weißliche Berge und blaue Täler sichtbar; wir sind umringt von massigen Wolkengestalten. Die Berge treten zurück, wir gewinnen freien Ausblick. Wir sind dem Wolkenmeer entstiegen, das sich nun in unendlicher Ausdehnung unter uns ausbreitet. Der Himmel über uns ist nicht rein blau, sondern weißlich, und die Sonne hat einen blassen, doch blendenden Schein. Nur an einigen Stellen sieht man reines Blau.

Der „Jupiter" stieg immer weiter. Das auf ihm angesammelte Regenwasser verdunstete jedenfalls nach und nach und entlastete den jetzt prall gefüllten Ballon, der in einem fort „rauchte", indem er weißliche Wolken aus dem Appendix entließ. Es wurde uns ziemlich kalt, da die Sonnenstrahlen nicht ihre ganze sonst in dieser Höhe sehr bedeutende Wärmewirkung entwickeln konnten.

Um 7 Uhr 10 Minuten waren wir in 4060 Meter, und nun erfolgten die von den meteorologischen Hochfahrten her wohlbekannten Vertikalschwankungen. Wir sanken bei diesen Schwankungen mehrmals um etwa 100 Meter, um dann wieder ungefähr 200 Meter zu steigen:

H. Silberer. Über den Wolken, in 4400 Meter Höhe. Wien, Juni 1903.

7 Uhr 10 Minuten . . . . 4060 Meter Seehöhe
7 „ 12 „ . . . . 4050 „ „
7 „ 15 „ . . . . 4100 „ „
7 „ 20 „ . . , . 4160 „ „
7 „ 22 „ . . . . 4100 „ „
7 „ 26 „ . . . . 4250 „ „
7 „ 27 „ . . . . 4220 „ „
7 „ 31 „ . . . . 4300 „ „
7 „ 38 „ . . . . 4380 „ „

Immer höher versuchte der „Jupiter" zu steigen. Er hätte wohl noch beträchtliche Höhen erreichen können, denn das auf der Hülle angesammelte Wasser war gewiß noch lange nicht verdunstet. Mein Begleiter, Herr Bierenz, schien aber für diese Höhenlagen nicht geeignet zu sein, denn er verspürte einiges Unbehagen. Dagegen gibt es selbstverständlich ein sehr einfaches Mittel: Hinuntergehen. Wir beschlossen also, den Ballon nicht weiter steigen zu lassen und zogen das Ventil. Nach mehrmaligem vorsichtigem Ziehen kam „Jupiter" ins Sinken. Wir hatten zum „Bremsen" des Ballons drei Säcke Ballast, also 69 kg, die Seile und den Anker nicht gerechnet, zur Verfügung.

Bei den Abstiegen aus großen Höhen (über 4000 Meter) verspüre ich meist einen außerordentlich starken Druck in den Ohren, der dann auf der Erde noch lange anhält und sehr unangenehm ist. Ich habe mich infolge dieser ganz individuellen Eigenheit, die mich zu Hochfahrten untauglich macht, von diesen ganz zurückgezogen. Der Druck auf die Ohren war diesmal natürlich wieder zu erwarten, und ich versuchte während des Sinkens den Luftausgleich im Ohre durch fortwährendes Schlucken von substantiellen Gegenständen (das bloße Speichelschlucken nützt nicht viel) zu erleichtern. Ich verzehrte also während unserer Hinabfahrt zwei bis drei Sandwiches und trank dazu ein gehöriges Quantum Wein und Tee. Das Mittel half überraschend gut; der Spannungsausgleich in den Ohren wurde dadurch außerordentlich gefördert, der

Druck also auf ein verhältnismäßig ganz geringes Maß herab-
gemindert, obwohl unser Sinken sehr rapid war. Wir fielen ungefähr vier Meter in der Sekunde, wie ich zwischen 1800 und
1500 Meter konstatierte. In dieser Höhe hatten wir die Hälfte
unseres Bremsballastes verbraucht; nun folgte ein halber Sack und
nicht viel mehr als 100 Meter über dem Boden der letzte Sack.
Der Ballon sank ziemlich rasch weiter. Wir knüpften die leeren
zehn Säcke rasch zusammen, um auch sie als Ballast zu gebrauchen.
Unser Fall war auf eine mitten in Waldungen liegende schöne,
langgestreckte Wiese gerichtet, und wir flogen ungefähr in deren
Längsrichtung unweit von dem einen Waldsaum. Gerade an der
Waldesgrenze würde, so schien es, die Landung gelingen; das
Seil berührte den Boden, in dem Moment warfen wir die Säcke,
dann den Anker aus; nun sollte hart am Waldessaum die Landung
erfolgen. Allein ein seitlicher Wind erfaßte uns und trieb uns
direkt auf den Wald zu, so daß wir weich und luftig auf den
Baumkronen landeten, dann erfaßte der Wind den Ballon und trieb
uns noch ein Stückchen weiter, bis der Anker, in die Bäume nach-
gezogen, sich hoch oben in den Ästen einer Eiche verfing und
uns mit eiserner Gewalt festhielt. Anmutig wie die Vöglein des
Himmels schwebten wir nun auf und nieder. Wir waren aber
nicht sehr erfreut darüber, denn wir hatten noch die etwas um-
ständliche Aufgabe vor uns, den Ballon heil aus dem Walde zu
bringen. Glücklicherweise kamen sehr bald Leute zu Hilfe und
wenn sie auch kein Wort Deutsch verstanden, so benahmen sie
sich doch nicht gar zu ungeschickt. Wir holten die Schleifleine
ein und ließen sie zwischen den Bäumen den Leuten hinab. Diese
erfaßten das Seil und zogen uns hinunter; mittlerweile öffneten wir
ein wenig das Ventil und schnitten das Ankerseil ab (ein Ab-
koppeln des stark gespannten Seiles ist natürlich nicht möglich).
Als der Korb auf der Erde angelangt war (um 8 Uhr 24 Minuten), zog ich nochmals das Ventil, um dem Ballon die Auftriebs-
kraft zu schwächen, ohne ihm dieselbe ganz zu nehmen, und dann

stiegen wir aus. Um den „Jupiter" nun auf eine nahegelegene kleine Waldwiese zu transportieren, ließen wir ihn an seiner Schleifleine so weit hinauf, daß die Hülle über den Baumwipfeln schwebte und gingen nun langsam, den Weg sorgsam aussuchend, bis auf die Wiese. Dort wurde der Ballon heruntergezogen, entleert und verpackt.

Wir waren unweit Ondód gelandet, nordwestlich von Belgrad (aber ziemlich weit davon!). Ein Wagen brachte uns und den Ballon in zwei Stunden nach Steinamanger (Ungarn). Um 6 Uhr abends waren wir in Wien.

Ondód ist 109 km von Wien entfernt. Wir haben diese 109 km in 11 Stunden 28 Minuten zurückgelegt. Mit den (Horizontal-) Kurven gemessen, dürfte der „Jupiter" wohl das Doppelte an Weg gemacht haben. Das sonderbarste Stück der Route war aber gewiß dasjenige zwischen Mannersdorf und Neusiedlersee. Zeichnet man diesen Teil der Fahrt auf einer Landkarte ein, so hat man den seltenen Fall, daß sich zwei Wegstrecken genau decken.

In Wien brach bald nach unserer Ankunft strömender Regen los, und die nächsten Tage war das Wetter allgemein recht schlecht. Wir hatten mit unserer Fahrt den letzten Moment erwischt, an dem eine längere Ballonreise ohne Naßwerden möglich war. Wir sind gerade noch trocken nach Hause gekommen.

Eine Solo-Nachtfahrt im „Saturn".
(19 Stunden 10 Minuten im Ballon.)

Wien, im Juli 1903.

Eine längere Reihenfolge von Regentagen hatte in der ersten Hälfte des Juli die Tätigkeit des Aero-Klubs unterbrochen. Erst gegen Mitte des Monates ließen die schier endlosen Regen nach; sie wurden durch einige heiße, gewitterreiche Tage abgelöst, bis endlich das Wetter sich um den 15. herum ruhiger gestaltete.

Am Morgen des 16. Juli, bei herrlicher Witterung, faßte ich den Entschluß, eine Ballonfahrt zu unternehmen, deren Ausführung ich schon seit längerer Zeit plante, aber — zum Teil wegen des nicht ganz entsprechenden Wetters — schon mehrmals verschoben hatte, nämlich eine Dauerfahrt allein. Eine Dauerfahrt, nicht eine Weitfahrt. Es sollte eine lange Fahrzeit, nicht eine große Distanz erreicht werden; dementsprechend war für mich auch das gleichmäßig ruhige Wetter das günstigste, wohingegen man für eine weite Fahrt selbstverständlich solche Tage wählt, an denen ein frischer Wind weht.

Eine sehr bedeutende Fahrtdauer hätte natürlich mit dem „Jupiter", dem 1200 Kubikmeter-Ballon unseres Klubs, erreicht werden können, doch ich wählte lieber den kleineren „Saturn" (800 m³), weil ich erstens sehr daran zweifelte, den „Jupiter" bis zu Ende ausnützen zu können (denn mehr als 24 Stunden allein im Ballonkorb zu sitzen, wie z. B. M. Henry Hervé am 12. und 13. September 1886, ist nicht jedermanns Sache) und weil zweitens der „Saturn" gerade in ausgezeichneter Verfassung

110

H. Silberer. Dorf aus 300 m Höhe. Wien 1903.

sich befand. Er war nicht lange vorher lackiert worden, mußte
also gasdicht sein, und ließ somit eine relativ große Leistung erwarten — es galt nur, aus den günstigen Bedingungen möglichst
großen Vorteil zu ziehen, was natürlich, soll das Unternehmen
von Erfolg gekrönt sein, sowohl bei den Arrangements wie während
der Fahrt bis gegen deren Ende stets und ohne Fehler geschehen
muß; ein einziges Versehen, besonders im ersten Teil der Reise,
kann die ganze Fahrt in Frage stellen.

Nachdem ich also diese Fahrt beschlossen, begab ich mich
noch am vormittage zu meinem Klubkollegen und Reisegefährten
vom 11. Juni dieses Jahres, Herrn Josef Eduard Bierenz, um ihn
zu bitten, die Leitung der Ballonfüllung zu übernehmen, was er
bereitwillig zusagte. Ich selbst hatte in Wien noch mancherlei
zu besorgen, weshalb ich bei den Vorbereitungen auf dem Ballonplatze nicht gegenwärtig sein konnte.

Gegen 8 Uhr kam ich auf den Aufstiegsplatz hinunter, der
Ballon stand bereits gefüllt da. Herr Bierenz führte mich mit
seinem Automobil noch rasch zum „Eisvogel", dem Stammlokal
der Luftschiffer im Prater, wo ich in aller Schnelligkeit ein Nacht-
mahl einnahm. Vor $^3/_4$9 Uhr waren wir wieder auf dem Klubplatz,
und nun wurden sofort die letzten Vorbereitungen vollendet. Ich
ließ den Ballon sehr sorgfältig auswiegen, um mit einem möglichst
geringen freien Auftrieb abzufahren. Nur etwa 6—7 Kilogramm
wurden als freier Auftrieb belassen, was bei der herrschenden
Windstille vollauf genügen mußte. Nachdem das Auswiegen beendet, wurde das Schleifseil auf dem Boden entrollt. Um 8 Uhr
55 Minuten gab ich das Zeichen zum Aufstieg. Mäßig rasch
wurde der kerzengerade steigende Ballon an seinem 60 Meter
langen Schleppseil emporgelassen. In 100 Meter Höhe über dem
Boden begann der „Saturn" ein wenig „Gang" zu bekommen und
zog langsam über die Häuser nach Nordnordwest.

Da es sich, wie schon zu Anfang bemerkt, darum handelte,
möglichst lange Zeit zu fahren, hatte ich möglichst wenig „un-

verwendbaren" Ballast mitgenommen: nur das notwendigste Reisegepäck, keinen photographischen Apparat etc. Dafür hatte ich 165 Kilogramm Sand mit, was für einen 800 Kubikmeter-Ballon eine ganz schöne Menge ist. Daß sie so lange reichen würde, wie sie tatsächlich reichte, das habe ich mir allerdings nicht gedacht.

19 Stunden 10 Minuten hat diese Fahrt gedauert; es ist dies eine Ziffer, die, da sie mit einer Alleinfahrt erreicht worden ist, vielleicht als etwas Außergewöhnliches angesehen werden und infolgedessen bei den Lesern eine Erwartung hervorrufen wird, die ich schwerlich werde erfüllen können. Man wird nämlich die Schilderung von außergewöhnlichen Erlebnissen oder Eindrücken erwarten, und doch kann ich nichts Derartiges liefern. Ich bin als Erzähler in einer fatalen Lage: das, was ich schildern möchte — die überwältigenden Eindrücke der Nacht und der atmosphärischen Vorgänge auf eine allein in dieser Atmosphäre fliegende Person, die unvergleichliche Pracht der Wolkengebirge usw. — das läßt sich nicht in befriedigender Weise beschreiben; und das, was sich wiedergeben läßt, sind Daten, trockne Daten, die dem Fachmann vieles sagen, aber deswegen nicht weniger trocken klingen. Ich will trotzdem versuchen, mit der Erzählung dieser Fahrt fertig zu werden, indem ich, meine auf der Reise gemachten Notizen benützend und die Lücken zwischen denselben nach dem Gedächtnis ausfüllend, im Geiste die Reise rasch wiederhole, statt des Kompasses die Feder in der Hand.

Um also in der Erzählung fortzufahren: ich schwebte um 9 Uhr abends über den Häusern zwischen der Ausstellungsstraße und der großen Donau. In ganz geringer Höhe, etwa 80 Meter über den Dächern. Sehr langsam ging's nach Nordnordwest. Als ich der Donau schon ziemlich nahe war, sah ich, daß das Schleifseil zurückblieb; es befand sich in seinem unteren Teile mit irgend etwas in Berührung, vielleicht mit einem hohen Rauchfang, ich konnte es in der Dunkelheit nicht unterscheiden. Der Ballon stand beinahe still, die Gondel schwankte ein wenig. Um loszu-

H. Silberer. Dorf aus ca. 400 m Höhe. Wien 1903.

kommen, warf ich rasch einen halben Sack Sand aus, was die
Wirkung hatte, daß der „Saturn" sofort zu steigen begann und
sich auf 400 Meter Seehöhe begab. Hier bekam er auch gleich
einen besseren „Gang" und flog in gutem Tempo nordwärts über
die Donau. Er stieg noch immer, doch langsamer, bis er 500 Meter
Seehöhe erreicht hatte, wo er längere Zeit verblieb.

Im 25 Kilometer-Tempo überflogen wir Floridsdorf, Groß-
Jedlersdorf und Stammersdorf, dann Hagenbrunn. Um 9^h 43 waren
wir in Königsbrunn in 360 m Höhe.

Die Leser werden sich fragen, warum ich, da ich doch allein
war, das Pronomen „wir" gebrauche; ob ich am Ende, 300 m
über den anderen Menschen schwebend, mich über diese so weit
erhaben fühle, daß ich einen pluralis majestatis gebrauche. Aber
nein, das ist es nicht. Ich spreche von mir und meinem einzigen
Gefährten, dem, der mich trägt; von dem braven „Saturn". Es
scheint, daß der Mensch das Bestreben hat, sich, wenn er ohne
Gesellschaft ist, eine solche zu erfinden. Er erhebt irgend einen
Gegenstand, der sonst nicht diese Bedeutung für ihn hat, zu seinem
Gesellschafter, redet im Geiste mit ihm und fühlt sich in einem
gewissen Zusammenhang mit ihm. Auch in sich selbst kann man
einen Gesellschafter finden; glücklich der, der einen guten findet.
Ich meinerseits fühlte mich, wie gesagt, in der Gesellschaft des
„Saturn", und darum gebrauchte ich bei meinen Notizen immer
das „wir".

Kurz nach 10 Uhr befanden wir uns über Feldern; wir waren
gesunken, und die Schleifleine berührte den Boden. Ein Mann
rief uns an. Ich fragte nach dem nächsten Dorf.

„Niederhollabrunn! Geben Sie acht, daß Sie nicht in die
Bäume kommen!"

„Danke. Gute Nacht!"

„Gute Nacht!"

$5^3/_4$ Säcke hatte ich in diesem Momente übrig. Ich warf,
um eine Kollision mit den Häusern des Dorfes, dem wir uns jetzt

näherten, zu vermeiden, $^1/_4$ Sack aus. Daraufhin stiegen wir in 620 m Höhe, wo sich „Saturn" längere Zeit stabil erhielt.

Die Nacht war finster und still. Ich setzte mich auf die Bank im Korbe nieder und schaute ins Leere. Ich war den Menschen jetzt entrückt. Ich hörte keinen Laut und sah nichts. Nichts als die Sterne. Hier ist nun einer von jenen Fällen, wo die Erzählung nicht mehr das wiederzugeben vermag, was sie wiedergeben sollte. Ich muß diesen Teil meiner Fahrt auch im Geiste wieder allein zurücklegen und muß darum die Feder weglegen und die Augen schließen. Wollte ich aber das, was ich fühle, mitteilen: aus wär's mit der Illusion, denn dann fühlte ich mich nicht mehr allein, sondern in der angenehmen Gesellschaft des Lesers, den man sich immer „geneigt", beziehungsweise der Leserin, die man sich immer schön vorstellt. . . . Jedenfalls war die Wirkung der stillen Dunkelheit auf mich eher beunruhigend als beruhigend; doch bald trat ein Ereignis ein, das mich aus den „dumpfen Träumen" erweckte und mir einen Genossen und eine Welt schenkte. Der Genosse war der Mond, die Welt war die Erde unter mir mit ihren Bergen und Ebenen, mit den Wäldern, Wiesen und Feldern und mit den Wohnungen der Menschen, über welche der Mond sein Licht ergoß und sie meinen Augen dadurch schenkte.

Es fehlten genau eine und eine halbe Stunde auf Mitternacht, als das erste Pünktchen der Mondscheibe aus dem dunklen Horizonte rot hervorleuchtete. Mit heller Freude begrüßte ich das Licht. Es war, als ob dieses Licht Leben ausstrahlte und mich daran teilhaben ließe. Ich wandte das Auge nicht von dem immer wachsenden Lichte; die Scheibe rundete sich nach und nach und erglänzte nun hell strahlend. Von da an fühlte ich mich nicht mehr einsam in dem stummen „Saturn"; ich fühlte mich wieder in Gesellschaft, ja in sprechender Gesellschaft. Denn das Licht ist eine Art von Sprache. Freilich, auch der Ballon hat seine Sprache. Er steigt, fällt, dehnt sich aus, zieht sich zusammen, läßt das Gas in rauchigen Wolken ausströmen, meldet den Regen an und gibt dadurch seine Bedürfnisse zu erkennen. Doch seine Ausdrucksweise ist plump. Das Licht aber ist eine feine Sprache und eine faszinierende Sprache. Es besitzt rhetorische Gewalt, und es zaubert die Bilder, die der Redner erst durch Worte mühsam umschreiben muß, um seine Rede „lebendig" zu gestalten, mit rascher Hand in Wirklichkeit vor uns hin. Die Sprache des Mondes aber ist geheimnisvoll und vertraut. Er läßt einen nicht fort, er will, daß man ihm zuhöre, daß man in sein Antlitz sehe.

Die Begrüßung des Lichtes, die Freude, die ich empfand, als ich den ersten Lichtpunkt des Mondes erblickte, ließ mich an die Wirkung denken, die das Licht auf einen Menschen hervorbringen mag, der nach langer Haft in einem dunklen Kerker ans Tageslicht heraustritt. Ich kann mir ungefähr ausmalen, was der spätere Graf von Monte Christo empfunden haben mag, als er nach seiner nächtlichen Flucht aus dem Schlosse If zum erstenmal wieder das Licht des Tages erblickte.

Wir werden aber nicht weiterkommen, wenn wir uns solchen Betrachtungen hingeben. Es ist mittlerweile $^1/_2$12 geworden. Im Süden lenkt ein scharfes Rollen meine Aufmerksamkeit auf eine Kette von kleinen Lichtern, die sich rasch bewegt und die einem Eisenbahnzug angehört, der dieses Rollen verursacht. Der Zug kommt näher, wendet sich plötzlich, beschreibt einen Bogen, fährt in geringer Distanz an uns vorbei, entfernt sich und kommt nach kurzer Zeit wieder.

Er beschreibt eine sehr markante Schlangenlinie in Form eines verkehrten S. Ich suche diese Bahnlinie auf der Karte und finde sie bei Waltersdorf in Niederösterreich. In einer Höhe von 380 Metern passieren wir nun die nahe bei einander liegenden Ortschaften Enzersdorf und Staatz, dann die Eisenbahnstation Staatz, ferner um 11^h 55 Neudorf in 320 Metern Höhe. Der „Saturn" fängt nun an, langsam zu sinken; ich halte es noch nicht für angezeigt, auf die Schleifleine herabzugehen, und werfe zwei kleine Schaufeln Sand aus, was vollständig genügt, um den Ballon oben zu erhalten.

Zwischen $^1/_4 1$ und $^1/_2 1$ kommen wir an ein Dorf, das an einem
Flusse liegt und das im südlichen und östlichen Teil eine charakteristische halbmondartige Form aufweist. Es muß Fröllersdorf
sein; wir sind bereits in Mähren. Um 12^h 40 höre ich von rechts
her, das ist von Osten, Hundegebell und andere Geräusche, so
daß ich dort die größere Ortschaft Dürrnholz vermute. Vor mir
breitet sich flaches Land mit ausgedehnten Feldern aus. Wieder
sinkt der Ballon; ich hindere ihn diesmal nicht daran. Bald berührt das Schleifseil die Erde, und träge schleppt es der „Saturn"
nach. Mit der Geschwindigkeit eines Fußgängers bewegen wir uns
jetzt beständig nach Nordwest. Es ist sehr hell, und ich kann
die Situation gut übersehen. Vor uns kriecht langsam der Ballonschatten, den der Mond auf die Erde zeichnet, über die endlosen
Felder. —

Angesichts der ungeheuren Ebene, die vor uns lag, sowie des
ungemein langsamen Tempos, das wir einhielten, vertrauend ferner
auf den Umstand, daß ein Schlaf im Ballon sicherlich kein tiefer
sein kann und mich das geringste Geräusch oder die geringste
Erschütterung sofort wecken würde, versuchte ich, mich dem Schlafe
hinzugeben, dessen Schatten ich nach und nach herannahen fühlte;
doch es wurde nicht einmal ein „Halbschlummer" daraus, höchstens
ein Hindämmern und Ausruhen ohne Schlaf. Nach längerer Zeit
kamen wir über ein kleines Dorf. Die Stunde bekümmerte mich
wenig, ich schaute auch die Karte nicht an. Erst als ich etwa
um $^1/_2 3$ bei beginnendem Morgengrauen einen Eisenbahnzug hörte,
erweckte ich mich aus meinem Ruhezustand und versuchte den
Ort zu bestimmen. Wir näherten uns einer Eisenbahnlinie, die
quer über unseren Kurs führte. Um das Übersetzen derselben zu
erleichtern, warf ich einige Schaufeln Ballast aus. Das Seil wurde
bis auf seine Spitze abgehoben. Punkt 3 Uhr überflogen wir die
Bahnlinie, die im Norden zu einem langgestreckten Bahnhof führte.
Unmittelbar darauf kamen wir an eine charakteristische Straßenkreuzung, nach der ich mich sofort orientieren konnte. Die Eisen

bahnstation ist Mißlitz gewesen. Zur Sicherheit fragte ich noch einige Leute, die in der Nähe standen, und sie bestätigten mir, daß ich in Mißlitz war. Das Schleifseil geriet in einen Baum. Ich wollte nicht hängen bleiben, wie dies schon einmal in Mähren passiert ist, und warf rasch den Rest des zweiten Sackes aus.

Der Kurs, den wir zuletzt einhielten, war Westnordwest; doch plötzlich dreht er sich und wird Südwest, dann sogar Südsüdwest, und wir kommen, auf der Schleifleine fahrend, um 3 Uhr 25 Minuten morgens nach Kuschnitzfeld, einem kleinen Dörfchen, das an einer der zwei Straßen liegt, die in der Nähe von Mißlitz jene charakteristische Kreuzung bilden.

Und weiter geht's, immer schön langsam, und jetzt schon bei dem milden Schein der roten Sonnenscheibe, die sich langsam aus dem nebligen Horizont erhebt, nach Moscowitz und Hermannsdorf. Es ist 4 Uhr 20 Minuten; seit Mißlitz, wo wir um 3 Uhr waren, habe ich kein Körnchen Sand ausgeworfen. Lieber ließe ich nahezu die ganze Schleifleine aufliegen, als von den übrigbleibenden fünf Säcken etwas herzugeben. Muß doch die Sonne den „Saturn", der übrigens beinahe prall voll ist, erwärmen und zum Steigen zwingen. Schon jetzt, da die Sonne kaum erschienen ist, äußert sich deren Wirkung. Es liegen schon um einige Meter weniger von dem Seil auf dem Boden als vor einer halben Stunde. Wenn keine erheblichen Hindernisse kommen, brauche ich vorläufig nicht die geringste Menge Ballast mehr auszuwerfen, und es bleiben mir in den fünf vollen Säcken 125 kg, nicht gerechnet das mitgenommene Wasser, das auch einige Kilogramm repräsentiert. Insofern liegen also die Verhältnisse günstig. Aber vor uns im Süden dehnt sich in der Ferne ein Wald aus, und auf den steuern wir gerade zu. Vor diesem Wald ist ein wiesenreiches seichtes Tal, in welchem, dem weißlichen Nebel nach zu urteilen, der darauf liegt, ein Fluß seinen Lauf haben muß; und noch vor diesem Tal liegt der Quere wieder eine Reihe hoher Bäume. Der Wald ist der Forst bei Philippsdorf, der kleine Fluß ist der Jaispitzer

Bach. Zwar hoffe ich, daß wir bis dahin schon genügend hoch vom Boden abgehoben sein werden, allein diese Hoffnung erweist sich als trügerisch. Um 5 Uhr erreichen wir die hohen Bäume und gleichzeitig weht uns ein kalter Hauch entgegen. Ich muß rasch Ballast auswerfen. Ich schütte, vielleicht etwas voreilig, einen halben Sack hinaus. Es war eigentlich etwas zu viel. Wir steigen von 310 Meter auf 580 Meter, allerdings nicht sehr rasch. Erst gegen $^1/_2$6 Uhr erreichen wir diese Höhe, in der wir einige Zeit verbleiben. Dann beginnt die Sonne ihre Macht zu entfalten. Wir steigen langsam aber stetig.

Von dem Augenblicke an, wo wir ins Steigen gekommen sind, haben wir wieder einen anderen Kurs. Wir fahren nämlich genau nach Südsüdost. Auch ist das Tempo etwas schneller geworden. Wir passieren um 6 Uhr Probitz in 920 Meter Höhe, um $^1/_2$7 Uhr Grußbach in 1300 Meter, und um 7 Uhr 20 Minuten sind wir wieder bei Fröllersdorf, jenem halbmondförmigen Orte, den ich schon einmal erwähnt habe, da wir ihn um $^1/_4$1 Uhr nachts überflogen. Wir haben also einen vollständigen Dreieckskurs zurückgelegt, mit scharfen Ecken.

Die Sonne brennt schon erschreckend heiß, so daß ich mich um Mittel umsehe, ihre Glut zu dämpfen. Ich hole das Tuch hervor, welches zum Einbinden des Ballons für den Rücktransport bestimmt ist, und befestige es gleich einem Vorhang an dem Ballonring. Der Korb ist so in zwei Abteilungen geteilt, deren eine immer schattig ist, und in der man sitzt wie unter einem Baldachin.

Ich hatte von diesem Momente ab nichts zu tun, als mich immer in die richtige Abteilung zu setzen und hie und da hinauszuschauen, um den Ort zu bestimmen, der übrigens nicht sonderlich schnell wechselte. Ich vertrieb mir die schon jetzt furchtbar lang sich dehnende Zeit mit Lesen. Leider hatte ich ein Buch erwischt, das mir nicht sehr zusagte. Oder sagte es es mir nicht zu, weil ich im Ballonkorb saß. Jedenfalls irritierte mich da oben so manches

118

H. Silberer. Dorf aus 600 m Höhe. Wien 1903.

was mich sonst nicht gekümmert hätte. Ich begann, mit anderen Worten, nervös zu werden. Aber ich mußte Geduld fassen und warten. Warten, worauf? Warten auf das Ende dieser Fahrt, welches natürlich vorderhand gar nicht abzusehen war, warten, bis der Sand, der seit 5 Uhr nicht weniger wurde und der Vormittag sicherlich nicht mehr angerührt zu werden brauchte, aufgezehrt sein würde. Ich erinnere mich an den ziemlich geistlosen Witz:

— „Comment, voilà au moins vingt minutes que tu te promènes; qu'est-ce que tu fais là?"

= „Je les attends pour aller dîner."

— „Est-ce que tu crois qu'elles vont venir?"

= „Ça, par exemple, j'en suis sûr qu'elles viendront."

— „Qu'est-ce que tu attends donc, au fait?"

= „Jattends ... huit heures ... pour aller dîner."

Auch ich erwartete nichts als eine Stunde, und ich wußte nicht einmal welche Stunde. Mittag? 1 Uhr? 2 Uhr? Ich konnte es nicht wissen. Und ich mußte doch den Ballast „ausfahren", jetzt wo ich schon soweit war. Immer wieder, bis zum Überdruß, fiel mir der Witz ein. Es ist ja Tatsache, daß einem Menschen in der Lage, in der ich war, nämlich unausgeschlafen und durch die Sonnenhitze denkunfähig gemacht, irgend ein Wort oder ein Satz scheinbar grundlos immer wieder einfällt.

Dies ungefähr war die Stimmung, in welcher ich war, als ich um 8 Uhr 40 Minuten Nikolsburg, um 9 Uhr 15 Minuten Eisgrub, um 10 Uhr 04 Minuten Teinitz passierte. Hier wendete ich meine Aufmerksamkeit der March zu, die an manchen Stellen zu wahren Seen gewachsen, weit und breit das ebene Land überschwemmte und unmittelbar an die Häuser des unter mir gelegenen Teinitz heranreichte. Als der „Saturn" begann, die March zu übersetzen, hatte er in 1700 Meter Höhe genau östliche Richtung.

Von Ungarn her kamen uns sonderbar gestaltete Wolken entgegen, die etwas tiefer schwebten als wir. Wie Löwen und

Sphinxe schauten die weißen Formen aus, die in ungeheuren Massen angerückt kamen. Plötzlich begann der „Saturn" zu sinken. Kaum war er unter 1600 Meter angelangt, als er die Richtung der Wolken (Nordwest) annahm. Er hätte mich wieder über die March zurückgeführt, wenn ich nicht das Fallen gehemmt und den Ballon wieder in die Höhe gebracht hätte. Ich wollte kein unnützes Zickzack mehr haben, weder in horizontaler noch in vertikaler Richtung. Ich war froh, in 1800 Meter ein halbwegs gutes Gleichgewicht und einen entsprechenden Fortgang nach Osten zu finden.

Um $^1/_2$12 Uhr konnte ich genau konstatieren, daß der Flug des Ballons nach Ostnordost gerichtet war, während die Wolken unter mir nordwestlich zogen, d. h. die Windströmungen in 1500 Meter und in 1800 Meter waren um 112$^1/_2$ Grad voneinander abweichend. Die Geschwindigkeit beider Luftströmungen war gegen mein früher eingehaltenes Tempo verhältnismäßig bedeutend.

Meine Aufzeichnungen sind in diesem Teil der Fahrt sehr spärlich, denn ich war einerseits ziemlich abgespannt und müde, so daß ich mich nur dem jetzt ziemlich schwierig gewordenen Beobachten, nicht aber der Aufzeichnung des Beobachteten widmete, und anderseits gab es nicht viel zu notieren. Die Schwierigkeit der Beobachtungen bestand hauptsächlich darin, daß die Wolken unter mir jetzt immer häufiger wurden und die Orientierung, die in den gleichförmigen Bergen ohne größere Ortschaften und Flußläufe viel Aufmerksamkeit erfordert, bedeutend erschwerten.

Um 11 Uhr 50 Minuten waren wir nördlich von Verbócz; wir passierten die weißen Karpathen und langten um 1 Uhr 10 Minuten bei Trentschin an. Hier überflogen wir in 2050 Meter Höhe die Waag. Man sah deutlich die Verheerungen, welche dieser Fluß, der einige Tage vorher stark ausgetreten war, angerichtet hatte. Die letzte auf der Fahrt gemachte Aufzeichnung lautet: $^1/_2$2 Uhr Trencsén-Teplitz 1920 Meter, 4$^1/_4$ Säcke.

Was mich von weiteren Notizen abhielt, waren hauptsächlich die wunderschönen Bilder, die mir durch den reichen Formenwechsel der mich umgebenden Wolken geboten wurden und außerdem die stete Beobachtung und Regulierung, die durch die Situation notwendig wurde, wofern ich nicht den Ballast verschleudern und zu einer vorzeitigen Landung — vielleicht mitten im Gebirge — gezwungen sein wollte. Das wildromantische Wolkenmeer, durch welches der „Saturn" seinen Weg nahm und bei dessen erstem kurzen Anblick ich die ganze Dauer meiner Fahrt als vollständig belohnt betrachtete, läßt sich nicht schildern. Hier ist also wieder einer jener Momente, wo der Erzähler mangels geeigneter Worte und Vergleiche, wenn er sich nicht vor sich selbst will lächerlich machen, in seiner Beschreibung innehalten muß. Hier bedaure ich, nicht meinen photographischen Apparat mit mir gehabt zu haben, um, wenn auch nicht die Farbenpracht und den überwältigenden Gesamtanblick des Wolkenpanoramas, so doch einige Formen festhalten und wiedergeben zu können. Ich war Zeuge des Entstehens und Vergehens der Wolken, Zeuge wunderbarer Verwandlungen, die sich wenige Meter weit von meinem Korbe vollzogen. Ein Blick in die geheimnisvolle Werkstätte der Natur tat sich mir auf. Bewundernd und erschauernd sah ich die hoch aufgetürmten Massen wie von einem unsichtbaren Arm gerührt lautlos aufwärts dampfen und abwärts schießen, in wunderbaren Spiralen sich drehen und formen. Von der Zone, wo sich Luftströmungen kreuzten und wo die Wolken entstanden, stiegen sie empor, und ich glitt mit dem „Saturn" immer zwischen ihnen durch oder über sie hinweg, stets vermeidend, von ihnen verschlungen zu werden. Jedesmal, wenn wir in der kritischen Zone fuhren (unter 2000 Meter) und eine Wolke uns entgegenkam, ging ihr ein kalter Hauch voraus, dessen Bereich ich schließlich stets zu vermeiden trachtete.

Und so ging es weiter bis um 3 Uhr, wo ich ernstlich die Vorbereitungen zur Landung traf und mir das Terrain für dieselbe auswählte. Die Wahl war nicht schwer. Vor mir lag jenseits eines hohen Gebirgszuges, der noch zu passieren war (Rajecer-

Gebirge), das ebene Komitat Turócz. Um $^1/_2 4$ Uhr schwebte ich mitten über dem von hohen Bergen umringten flachen Lande und zog in einer Höhe von 2800 Metern (es war die Maximalhöhe dieser Fahrt) das Ventil.

Die Landung ging recht glatt von statten. Eine ganz kurze und sanfte Schleifung über ein Haferfeld beendete die Fahrt. Als der Ballon zum Stillstand kam, war es 4 Uhr 10 Minuten. Ich war also 19 Stunden und 10 Minuten gefahren. Einen Sack Ballast hatte ich noch im Korb. Im Bedarfsfall hätte man also noch etwas länger oben bleiben können.

Der Landungsort, Kis-Selmecz, war insofern von idealer Beschaffenheit, als ich mit der berühmten Gastfreundschaft der ungarischen Gutsbesitzer dort aufgenommen wurde. Im Schlosse des Barons Julius Révay, wohin man mich sofort einlud, war ich glänzend aufgehoben, und es gereicht mir zum größten Vergnügen, an dieser Stelle der liebenswürdigen Hausfrau, Baronin Révay, nochmals danken zu können. In dem Schlosse war eine zahlreiche aristokratische Gesellschaft zu Gaste, worunter zwei Grafen Apponyi und Sztáray. Erst am Nachmittag des nächsten Tages fuhr ich, die Waagtalbahn benützend, nach Wien zurück.

Zu Hause kontrollierte ich dann die Route, die der Ballon genommen. Dieselbe ist durch die merkwürdigen Wendungen, besonders aber durch das in Mähren gefahrene Dreieck, höchst interessant. Ebenso wie die Richtung variierte die Fahrtgeschwindigkeit bedeutend. Nachdem sie zuerst 25, dann 20 km in der Stunde gewesen, war sie am Morgen zwischen Mißlitz und Philippsdorf 5,5 km, zwischen Possitz und Grußbach 10 km, zwischen Grußbach und Teinitz 22 km, zwischen Verbócz und Trentschin 33 km in der Stunde, also mittags am größten. Von da ab war die mittlere Geschwindigkeit 27 km. Die mittlere Geschwindigkeit der ganzen Fahrt, wenn man die Luftlinie Wien—Kis-Selmecz (220 km) als Basis nimmt, ist natürlich nur sehr gering: 11,5 km.

H. SILBERER.
Ortschaft aus ca. 1000 m Höhe.
WIEN 1903.

Zu den Bildern.

Das erste Bild, das sich vorn als Titelbild befindet, zeigt den Ballon des Wiener Aero-Klubs, mit welchem ich den größten Teil meiner Luftfahrten ausführte. Die photographische Aufnahme wurde gelegentlich der ersten vom Aero-Klub veranstalteten Auffahrt gemacht, kurz bevor der „Jupiter" die Erde verließ.

Die zweite Illustration (Seite 2) zeigt denselben Ballon, jedoch in einem früheren Stadium der Vorbereitung zur Luftreise. Man sieht den eben erst gefüllten Ballon noch nahe am Boden gefesselt; die Gondel ist noch nicht daran befestigt.

Das, was man „Gondel" oder richtiger „Korb" nennt, ist auf dem dritten Bilde (Seite 4) veranschaulicht. M. Carton, der französische Aeronaut, von dem in diesem Buche oft die Rede ist, hat den Korb auf einer Seite aufgehoben, damit man in das Innere blicken kann. Man sieht dort eine kleine Bank mit geöffnetem Deckel; diese dient gleichzeitig als Sitzbank und als Behälter für das Gepäck und die Vorräte. Ist eine stürmische Landung zu gewärtigen, so wirft man diese Bank, die ebenso wie der Korb aus Weidengeflecht (bezw. spanischem Rohr) besteht, rasch hinaus, bevor die Gondel die Erde berührt, denn die Bank könnte bei einer Schleifung den Reisenden leicht hinderlich werden.

Auf dem vierten Bilde (Seite 6) sieht man den „Saturn" in dem gleichen Stadium, wie den „Jupiter" auf dem zweiten Bilde, nämlich eben erst gefüllt, noch ohne den Korb.

Die nun folgenden Photos sind alle vom Ballon aus aufgenommen. Den Reigen eröffnet eine Aufnahme (Seite 12), die gleich nach Verlassen der Erde, in kaum zwölf Meter Höhe gemacht wurde. Die Menschen nehmen sich aus der Vogelperspektive mit den ungewohnten Verkürzungen ihrer Gestalten recht sonderbar aus. Unter den dargestellten Personen bemerkt man links vorne den Präsidenten und Fahrwart des Aero-Klubs, meinen Vater Victor Silberer, etwas weiter rechts, in schwarzem Anzuge, den schneidigen Hochfahrer Dr. Josef Valentin von der meteorologischen Zentral-Anstalt. Die übrigen Personen sind Helfer, welche die Füllungsarbeiten verrichtet und vor wenigen Augenblicken auf Kommando des Fahrwarts den „Jupiter" losgelassen haben. Alle blicken nun dem entschwebenden Ballon nach. An den langen Schatten, welche die Personen werfen, sieht man, daß die Aufnahme bei tiefem Sonnenstande — gegen Abend — gemacht wurde.

In nächster Nähe des Aufstiegsplatzes befindet sich die Rotunde, jenes monumentale Gebäude, das von der Wiener Weltausstellung im Jahre 1873 her geblieben ist. Kaum ist der Ballon über die Bäume hinaus, so gewinnt der Aeronaut freien Ausblick auf dieses Bauwerk und die umliegenden Anlagen. Die zwei Bilder auf Seite 32 zeigen sowohl den Blick auf die Rotunde als denjenigen senkrecht hinunter in die unweit davon liegende Ausstellungsstraße.

Die folgenden Ansichten (Seite 36, 44 und 48) zeigen die Donau, aus verschiedenen Höhen gesehen. Auch auf dem nächsten Bilde (Seite 52), welches die Rotunde samt dem Trabrennplatz zeigt, sieht man im Hintergrund den Donaustrom.

Das zwölfte und das vierzehnte Bild (Seite 64 und 78), stellen Ortschaften dar, die im Norden von Wien zwischen dem Kurort Pyrawarth und der Nordbahnstation Gänserndorf liegen und die ich gelegentlich der Reise vom 14. Oktober 1902 photographierte,

124

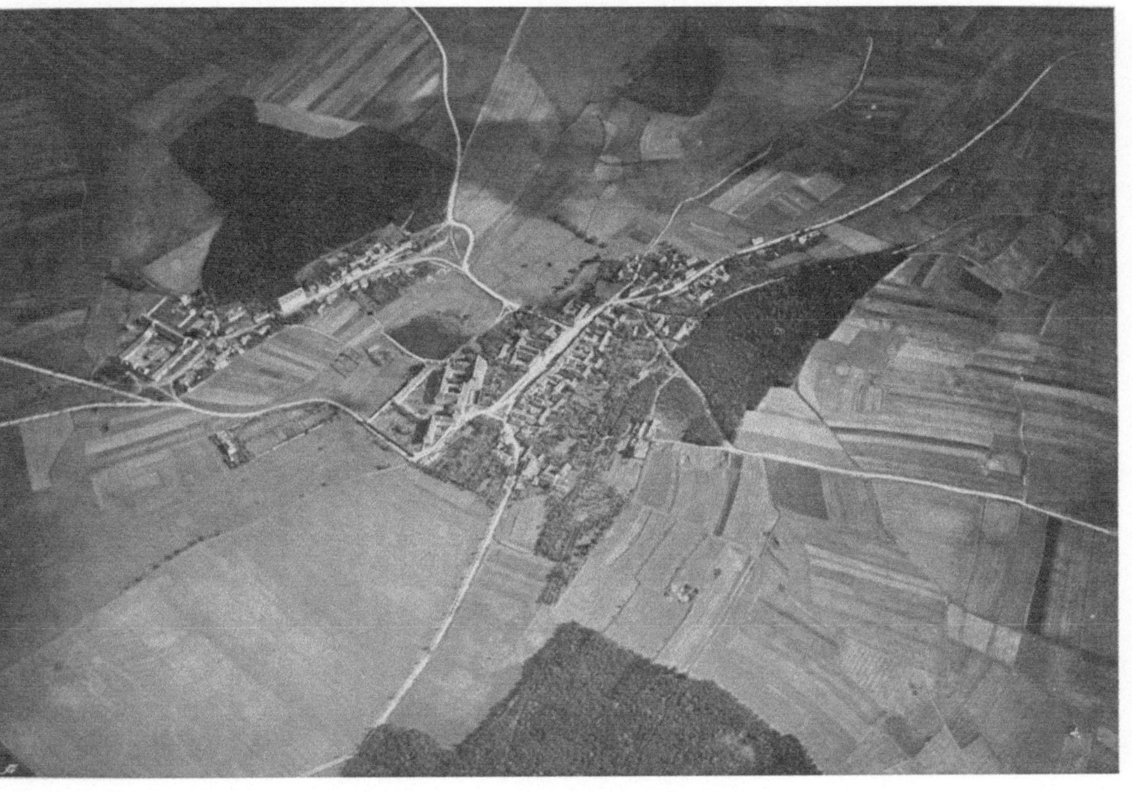

H. Silberer.   Dorf aus 1300 m Höhe.   Wien 1903.

an der außer mir und M. Carton der Maler Theo Zasche teilnahm, von dem die Umschlagzeichnung dieses Buches stammt.

Das dreizehnte Bild (Seite 76) zeigt den Donaukanal mit der Sophienbrücke; rechts oben sieht man noch die Lawn Tennis-Plätze, von denen in der Schilderung der Fahrt Wien-Liesing die Rede ist.

Zu dem Bilde „Dorf mit Flüßchen" (Seite 80) wäre zu bemerken, daß die Wasserläufe meistens durch die Vegetation angedeutet sind; oft errät man den Bach, ohne das Wasser zu sehen.

Das „Dorf mit Steinbruch" (Seite 84) ist nahezu senkrecht abwärts aufgenommen.

Die nächsten drei Bilder (Seite 92, 94 und 96) gehören zu der Fahrt Wien-Thüringen; ebenso schließt sich das Bild „Über den Wolken" (Seite 106), das in die Schilderung der „Ersten Nachtfahrt 1903" eingefügt ist, dem Texte an. Leider geht bei den photographischen Aufnahmen der Wolken deren ganzer Farbenzauber verloren. Die hier dargestellte Wolken-„Landschaft" wies beispielsweise im Hintergrunde wunderbare dunkelblaue Färbungen auf.

Zu den folgenden Bildern (Seite 110, 112, 118, 122 und 125) ist nichts zu bemerken; es sind nieder-österreichische und böhmische Dörfer, aus fortwährend steigender Höhe aufgenommen.

Am interessantesten sind vielleicht die nun folgenden Wolkenbilder. Ganz verschieden ist der Anblick der zerklüfteten Wolkenmassen der Bilder auf Seite 126 und 128 von demjenigen, welchen das ruhige, gleichmäßige Wolkenmeer (Seite 130) bietet.

Schwebt man über einem ununterbrochenen Wolkenmeere, so sieht man natürlich von der Erde keine Spur. Sind die Wolken dagegen spärlich verstreut, so sieht man zwischen ihnen durch auf die Erde hinab, so wie es das letzte Bild (Seite 132) zeigt. Die Wolken, die da zwischen Erde und Ballon schwebten, waren etwa 1700 Meter hoch; der Ballon selbst befand sich während der Aufnahme in 2400 Meter Höhe.

Übersicht der Fahrten.

1. Fahrt.

Paris: 29. Oktober 1899.

Ballon: „Lorraine" (1200 m³; mit Wasserstoff gefüllt),

Teilnehmer: Henri Lachambre (Führer), Béchade, Béreau sen., Béreau jun., Dubois, Herbert Silberer, Vinet.

Abfahrtszeit: 3ʰ 40 nachm.

Landung: 6ʰ abends bei Coucy-le-Château (Aisne).

Fahrtdauer: 2 Stunden 20 Minuten.

Distanz (in Luftlinie): 100 km.

Maximalhöhe: 1200 m.

2. Fahrt.

Wien, Arsenal: 23. April 1901.

Ballon: „Meteor" (1350 m³).

Teilnehmer: Hauptmann Franz Hinterstoißer (Führer), Dr. Oskar F., Herbert Silberer.

Abfahrtszeit: 7ʰ 10 morgens.

Landung: 2ʰ 30 nachm. bei Dobel (Steiermark).

Fahrtdauer: 7 Stunden 20 Minuten.

Distanz: 160 km.

Maximalhöhe: 3700 m.

H. Silberer.

Wolkengebilde in 1700 m Höhe.

Wien 1903.

3. Fahrt.

Wien, Aero-Klub. 9. August 1901.
Ballon: „Jupiter" (1200 m^3).
Teilnehmer: Emile Carton (Führer), Mr. Benzin, Dr. Oskar F.,
    Herbert Silberer.
Abfahrtszeit: 5^h 20 nachm.
Landung: 7^h 55 in Holling bei Ödenburg (Ungarn).
Fahrtdauer: 2 Stunden 35 Minuten.
Distanz: 70 km.
Maximalhöhe: 1550 m.

4. Fahrt.

13. August 1901.
Ballon: „Jupiter" (1200 m^3).
Teilnehmer: Emile Carton (Führer), Mr. Benzin, Herbert Silberer.
Abfahrtszeit: 8^h 04 morgens.
Landung: 5^h 49 nachm., in Čadjavica (Slavonien).
Fahrtdauer: 9 Stunden 45 Minuten.
Distanz: 290 km.
Maximalhöhe: 3600 m.

5. Fahrt.

20. August 1901.
Ballon: „Jupiter" (1200 m^3).
Teilnehmer: Emile Carton (Führer), Dr. Franz Haiser, Herbert
    Silberer.
Abfahrtszeit: 7^h 45 morgens.
Landung: 4^h 50 nachm. in Kremnitz (Ungarn).
Fahrtdauer: 8 Stunden 55 Minuten.
Distanz: 190 km.
Maximalhöhe: 3000 m.

6. Fahrt.

30. August 1901.
Ballon: „Jupiter" (1200 m^3).
Teilnehmer: Emile Carton (Führer), Herbert Silberer.
Abfahrtszeit: 10^h 01 abends.
Landung: 31. August, 9^h 25 abends, in Ungvár (Ungarn).
Fahrtdauer: 23 Stunden 24 Minuten.
Distanz: 440 km.
Maximalhöhe: 3500 m.

7. Fahrt.

7. September 1901.
Ballon: „Saturn" (800 m^3).
Teilnehmer: Herbert Silberer (Führer), Dr. Oskar F.
Abfahrtszeit: 5^h 08 nachm.
Landung: 6^h 25 in Wiener Neudorf (Nieder-Österreich).
Fahrtdauer: 1 Stunde 17 Minuten.
Distanz: 17 km.
Maximalhöhe: 1200 m.

8. Fahrt.

23. September 1901.
Ballon: „Jupiter" (1200 m^3).
Teilnehmer: Emile Carton (Führer), Herbert Silberer.
Abfahrtszeit: 10^h 02 abends.
Landung: 24. September, 11^h 50 vorm., in Oxstedt bei Cuxhaven
(Hamburg).
Fahrtdauer: 13 Stunden 48 Minuten.
Distanz: 828 km.
Maximalhöhe: 1550 m.

H. Silberer. Wolkengebilde in 1700 m Höhe. Wien 1903.

9. Fahrt.

26. September 1901.
Ballon: „Saturn" (800 m^3).
Teilnehmer: Herbert Silberer (Führer), Dr. Oskar F.
Abfahrtszeit: 4^h 00 nachm.
Landung: 6^h 05 in Groß-Riedenthal bei Kirchberg bei Krems
    (Nieder-Österreich).
Fahrtdauer: 2 Stunden 5 Minuten.
Distanz: 50 km.
Maximalhöhe: 800 m.

10. Fahrt.

28. September 1901.
Ballon: „Saturn" (800 m^3).
Teilnehmer: Herbert Silberer (Alleinfahrt).
Abfahrtszeit: 2^h 40 nachm.
Landung: 4^h 40 in Tulln (Nieder-Österreich),
Fahrtdauer: 2 Stunden.
Distanz: 28 km.
Maximalhöhe: 750 m.

11. Fahrt.

28. Oktober 1901.
Ballon: „Saturn" (800 m^3).
Teilnehmer: Herbert Silberer (Führer), Oberleutnant Johann
    Aresin-Fatton.
Abfahrtszeit: 10^h 12 vorm.
Landung: 2^h 12 nachm. in Liesing (Nieder-Österreich).
Fahrtdauer: 4 Stunden.
Distanz: 14 km.
Maximalhöhe: 1300 m.

12. Fahrt.

2. November 1901.

Ballon: „Jupiter" (1200 m³).

Teilnehmer: Victor Silberer (Führer), Richard Knoller, Otto
Seybel, Herbert Silberer.

Abfahrtszeit: 11 ʰ 43 mittags.

Landung: 2 ʰ 18 nachm. in Lichtenwörth bei Wiener Neustadt
Nieder-Österreich).

Fahrtdauer: 2 Stunden 35 Minuten.

Distanz: 43 km.

Maximalhöhe: 1400 m.

13. Fahrt.

7. November 1901.

Ballon: „Jupiter" (1200 m³) meteorologische Fahrt.

Teilnehmer: Herbert Silberer (Führer), Dr. Josef Valentin, Richard
Knoller.

Abfahrtszeit: 8 ʰ 05 morgens.

Landung: 11 ʰ 20 in Felsö Galla bei Banhida (Ungarn).

Fahrtdauer: 3 Stunden 15 Minuten.

Distanz: 173 km.

Maximalhöhe: 4950 m.

14. Fahrt.

10. November 1901.

Ballon: „Jupiter" (1200 m³).

Teilnehmer: Victor Silberer (Führer), Dr. Oskar F., Balduin
Groller, Karl Klinenberger, Herbert Silberer.

Abfahrtszeit: 12 ʰ 35 nachm.

Landung: 2 ʰ 40 zwischen Pyrawarth und Groß-Schweinbarth
(Nieder-Österreich).

Fahrtdauer: 2 Stunden 5 Minuten.

Distanz: 29 km.

Maximalhöhe: 1300 m.

H. Silberer.   Das Wolkenmeer.   Wien 1902.

Höhe ca. 1400 m.

15. Fahrt.

28. Mai 1902.
Ballon: Jupiter (1200 m³).
Teilnehmer: Herbert Silberer (Führer), Dr. Oskar F., Rittmeister
    von der Lühe, Anton Schuster.
Abfahrtszeit: 4ʰ 05 nachmittag.
Landung: 5ʰ 40 in St. Andrä-Wördern (Nieder-Österreich).
Fahrtdauer: 1 Stunde 35 Minuten.
Distanz: 19 km.
Maximalhöhe: 950 m.

16. Fahrt.

3. Juni 1902.
Ballon: „Jupiter" (1200 m³).
Teilnehmer: Herbert Silberer (Führer). Nicolaus Graf Desfours-
    Walderode, Rittmeister Amon von Gregurich, Heinrich
    Graf Thun.
Abfahrtszeit: 3ʰ 50 nachm.
Landung: 4ʰ 50 in Preßbaum beim Sacré-Coeur (Nieder-Österreich).
Fahrtdauer: 1 Stunde.
Distanz: 25,5 km.
Maximalhöhe: 900 m.

17. Fahrt.

6. Juni 1902.
Ballon: „Saturn" (800 m³).
Teilnehmer: Herbert Silberer (Führer), Dr. Oskar F.
Abfahrtszeit: 4ʰ 12 nachm.
Landung: 6ʰ 20 in Halbthurn (Ungarn).
Fahrtdauer: 2 Stunden 8 Minuten.
Distanz: 63 km.
Maximalhöhe: 1800 m.

18. Fahrt.

9. Juni 1902.
Ballon: „Jupiter" (1200 m³).
Teilnehmer: Herbert Silberer (Führer), Dr. Oskar F.
Abfahrtszeit: 8ʰ 45 abends.
Landung: 10. Juni, 4ʰ 10 morgens bei Kaunitz nächst Kromau
    (Mähren).
Fahrtdauer: 7 Stunden 25 Minuten.
Distanz: 92 km.
Maximalhöhe: 460 m.

19. Fahrt.

13. Juni 1902.
Ballon: „Jupiter" (1200 m³).
Teilnehmer: Herbert Silberer (Führer), Dr. Oskar F., Fräulein
    P. Goetzl, Fräulein Edith Stengel.
Abfahrtszeit: 6ʰ 05 abends.
Landung: 6ʰ 40, in Laa (Nieder-Österreich).
Fahrtdauer: 35 Minuten.
Distanz: 7,5 km.
Maximalhöhe: 600 m.

20. Fahrt.

26. Juni 1902.
Ballon: „Jupiter" (1200 m³).
Teilnehmer: Herbert Silberer (Führer), Heinrich Graf Thun.
Abfahrtszeit: 8ʰ50 abend.
Landung: 27. Juni, 5ʰ 30 morgens, in Willkomm bei Pößnitz
    nächst Marburg (Steiermark).
Fahrtdauer: 8 Stunden 40 Minuten
Distanz: 185 km.
Maximalhöhe: 2600 m.

H. Silberer.

Blick durch Wolken auf die Erde.

Höhe 2400 m.

Wien 1903.

21. Fahrt.

23. September 1902.
Ballon: „Jupiter" (1200 m^3).
Teilnehmer: Emile Carton (Führer), Herbert Silberer.
Abfahrtszeit: 8^h 32 abends.
Landung: 24. September, 2^h 45 nachm. in Osterbad Burgwenden
    nördlich von Cölleda (Thüringen, Deutschland).
Fahrtdauer: 18 Stunden 13 Minuten.
Distanz: 513 km.
Maximalhöhe: 2600 m.

22. Fahrt.

14. Oktober 1902.
Ballon: „Jupiter" (1200 m^3).
Teilnehmer: Emile Carton (Führer), Herbert Silberer, Theo Zasche.
Abfahrtszeit: 3^h 05 nachm.
Landung: 4^h 58 in Mistelbach (Nieder-Österreich).
Fahrtdauer: 1 Stunde 53 Minuten.
Distanz: 41 km.
Maximalhöhe: 2000 m.

23. Fahrt.

26. Oktober 1902.
Ballon: „Jupiter" (1200 m^3).
Teilnehmer: Emile Carton (Führer), Herbert Silberer.
Abfahrtszeit: 7^h 44 morgens.
Landung: 4^h 09 abends Försterhaus bei Kostelec nächst Frauen-
    berg (Böhmen).
Fahrtdauer: 8 Stunden 25 Minuten.
Distanz: 181 km.
Maximalhöhe: 3500 m.

24. Fahrt.

27. Mai 1903.
Ballon: „Jupiter" (1200 m³).
Teilnehmer: Herbert Silberer (Führer), Josef E. Bierenz, Fräulein
      Josefine Tittelbach.
Abfahrtszeit: 4ʰ 40 nachm.
Landung: 5ʰ 35 in Gumpoldskirchen (Nieder-Österreich).
Fahrtdauer: 55 Minuten.
Distanz: 23,5 km.
Maximalhöhe: 900 m.

25. Fahrt.

11. Juni 1903.
Ballon: „Jupiter" (1200 m³).
Teilnehmer: Herbert Silberer (Führer), Jos. E. Bierenz.
Abfahrtszeit: 8ʰ 56 morgens.
Landung: 8ʰ 24 in Ondód bei Steinamanger (Ungarn).
Fahrtdauer: 11 Stunden 28 Minuten.
Distanz: 109 km.
Maximalhöhe: 4400 m.

26. Fahrt.

2. Juli 1903.
Ballon: „Jupiter" (1200 m³).
Teilnehmer: Victor Silberer (Führer), Richard Brüll, Josef
      Polacsek, Herbert Silberer.
Abfahrtszeit: 4ʰ 10 nachm.
Landung: 5ʰ 45 in Sparbach (Nieder-Österreich).
Fahrtdauer: 1 Stunde 35 Minuten.
Distanz: 22 km.
Maximalhöhe: 1000 m.

27. Fahrt.

16. Juni 1903.
Ballon: „Saturn" (800 m³).
Teilnehmer: Herbert Silberer (Alleinfahrt).
Abfahrtszeit: 8 ʰ 55 abends.
Landung: 17. Juli, 4ʰ 05 nachm. in Kis-Selmecz, Turóczer
    Komitat (Ungarn).
Fahrtdauer: 19 Stunden 10 Minuten.
Distanz: 220 km.
Maximalhöhe: 2800 m.

28. Fahrt.

22. September 1903.
Ballon: „Jupiter" (1200 m³).
Teilnehmer: Herbert Silberer (Führer), Josef Polacsek.
Abfahrtszeit: 8 ʰ 20 morgens.
Landung: 3 ʰ 05 nachm. in Nevezice; Bahnstation Čimelic, nord-
    westlich von Pisek (Böhmen).
Fahrtdauer: 6 Stunden 45 Minuten.
Distanz: 220 km.
Maximalhöhe: 3200 m.

29. Fahrt.

1. November 1903.
Ballon: „Jupiter" (1200 m³).
Teilnehmer: Herbert Silberer (Führer), Rudolf Hubel, Josef Krono-
    wetter.
Abfahrtszeit: 1ʰ 55 nachm.
Landung: 4ʰ 10 abends in Frauendorf, 5 km von Ziersdorf (Nieder-
    Österreich).
Fahrtdauer: 2 Stunden 15 Minuten.
Distanz: 52 km.
Maximalhöhe: 1000 m.

Statistik.

Anzahl der Fahrten (bis Anfang November 1903) 29.

Durchfahrene Strecke: 4214,5 km.

Im Ballon verbrachte Zeit: 167 Stunden 46 Minuten oder 6 Tage 23 Stunden 46 Minuten.

Menge des verbrauchten Gases: 32550 m³.

Längste Dauer einer Fahrt: 23 Stunden 24 Minuten.

Kürzeste Dauer einer Fahrt: 35 Minuten.

Größte Fahrtweite: 828 km.

Kleinste Fahrtweite: 7,5 km.

Höchste erreichte Höhe: 4950 m.

Geringste Maximalhöhe bei einer Dauerfahrt im 1200 Kubikmeter-Ballon: 2550 m.

Größte Geschwindigkeit im Lauf einer Fahrt: 110 km

Größte Durchschnittsgeschwindigkeit: 60 km

Kleinste Durchschnittsgeschwindigkeit: 3,5 km

} in der Stunde.

Die Füllung der Ballons war bei sämtlichen Aufstiegen, mit Ausnahme des ersten in Paris, Leuchtgas.

Abonnements-Einladung

auf die

Wiener Luftschiffer-Zeitung

unabhängiges Fachblatt für Luftschiffahrt und Fliegekunst

sowie die dazu gehörigen Wissenschaften und Gewerbe.

Herausgegeben von

Victor Silberer

Tausende von Personen wenden sich alljährlich an die Blätter mit Projekten von Flugmaschinen, denen selbst der Laie auf den ersten Blick ansieht, daß sie nichts taugen und daß der betreffende Erfinder von den allerersten aëronautischen Grundbegriffen keine Ahnung hat. Es kann daher all den vielen, die sich für die Flugfrage interessieren, nur wärmstens empfohlen werden, sich vor allem mit dem Wesentlichsten auf diesem interessanten Gebiete vertraut zu machen, und das kann nicht billiger und gleichzeitig vollkommener geschehen, als durch das Abonnement der **„Wiener Luftschiffer-Zeitung"**.

Die Flugfrage ist übrigens heute eine Sache von so allgemeinem Interesse, daß nicht nur jeder Techniker, sondern jeder Gebildete überhaupt stets auf dem Laufenden über alle Vorgänge und neuesten Ereignisse auf diesem Gebiete bleiben soll; auch das kann nicht besser und vollkommener geschehen, als durch das Abonnement auf die **„Wiener Luftschiffer-Zeitung"**.

Die **„Wiener Luftschiffer-Zeitung"** erscheint jeden Monat und bringt außer gediegenen fachwissenschaftlichen Aufsätzen alles Wissenswerte aus dem Gebiete der Luftschiffahrt und Flugtechnik. Sie berichtet über die Versammlungen der Aëro-Klubs und der flugtechnischen Vereine, über die dort gehaltenen Vorträge, über neue Erfindungen und Experimente, über interessante Luftfahrten, über neue Bücher und Projekte, kurz sie hält die Fachwelt vollständig auf dem Laufenden.

Die **„Wiener Luftschiffer-Zeitung"** soll daher auch heutzutage in keiner technischen Bibliothek, in keinem wissenschaftlichen Institut sowie in keinem militärischen Lesezirkel fehlen.

Bezugspreise der „Wiener Luftschiffer-Zeitung"

Ganzjährig mit freier Postversendung:

im Inlande . . . . 10 Kronen	für Frankreich . . . . . 12 Francs
für Deutschland . . . . 8½ Mark	für England . . . . 9 Shilling

Einzelne Nummern 1 Krone.

Die Bestellungen auf die **„Wiener Luftschiffer-Zeitung"** bitten wir unter Beischluß des Bezugspreises — am einfachsten mittels Postanweisung — direkt an die Verwaltung, Wien, I, St. Annahof, zu richten.

Verlag der „Allgemeinen Sport-Zeitung"

(Victor Silberer), Wien

durch jede Buchhandlung zu beziehen:

Im Ballon!

Eine Schilderung der Fahrten des Wiener Luftballons „Vindobona"
im Jahre 1882 sowie der früheren Wiener Luftfahrten (1791 bis
1881), weiter eine Beschreibung der bedeutendsten und interessantesten Aszensionen, die überhaupt je stattgefunden haben,
und endlich eine Aufzählung aller jener Luftfahrten, bei denen
Menschenleben zum Opfer gefallen sind.

Herausgegeben von

Victor Silberer

Eigentümer und Chef-Redakteur der „Allgemeinen Sport-Zeitung".

Mit 14 Abbildungen.

INHALT: Die „Vindobona". — Die Fahrten der „Vindobona". — Zweitausend Meter über der Erde
im Sturme. — Meine erste Ballonfahrt. — Ein Ausflug im Luftballon. — Eine Wiener Luftfahrt. — Ein Diner in den Lüften. —
Eine Fahrt durch die Wolken. — Eine Landung wider Willen. —
Die Luftfahrt nach dem Friedhofe zu Leitzersdorf. — Der erste
Wiener Luftschiffer. — Die erste Wiener Luftfahrt. — 1791 bis
1853. — Die Fahrten Godards 1853: Eine Landung im Schloß-
hofe zu Schönbrunn. — Eine Nachtfahrt nach Austerlitz. —
Die Modistin in der Luft. — 1853—1881. — Die Fahrten Godards
1881. — Von London nach Nassau. — 11000 Meter hoch. —
Von Paris nach Hannover. — Von Paris nach Norwegen. — Eine
Hochzeitsreise im Luftballon. — Die Opfer der Luftschiffahrt.

Preis: 6 Kronen = 5 M. 40 Pf.

☛ Gegen Einsendung des Betrages an den Verlag der „Allgemeinen
Sport-Zeitung", Wien, I, St. Annahof, erfolgt die Zustellung franko.

ateur

Allgemeine Sport = Zeitung

ᔕᔕᔕᔕᔕ

Die „Allgemeine Sport=Zeitung", redigiert von Victor Silberer, ist das gröſste, reichhaltigste und verbreitetste Sportblatt in deutscher Sprache.

Sie zählt zu ihren Amateur-Mitarbeitern die Meister und Koryphäen aus allen Sportzweigen.

Sie berichtet ausführlich und mustergültig über die Vorkommnisse auf allen Gebieten des Sports, und zwar über: Pferdezucht, Rennen, Reiten, Traben, Fahren, Rudern, Segeln, Schwimmen, Eislaufen, Schneeschuhlaufen, Schlitteln, Radfahren, Automobilismus, Rollschuhlaufen, Athletik, Ringen, Turnen, Fechten, Boxen, Pedestrianismus, Gymnastik, Fußball, Tennis, Lawn Tennis, Polo, Golf, Kricket, Ping-Pong, Billard, Luftschiffahrt, Photographie, Schießen, Jagd, Zwinger (Hundesport), Fischen, Schach, Theater, Kunst, Literatur, Vermischtes.

Die „Allgemeine Sport=Zeitung" ist das einzige Wochenblatt in deutscher Sprache, das eine ständige Spalte für Luftschiffahrt besitzt und regelmäſsig mehrere Seiten voll Neuigkeiten über Ballonwesen und Flugtechnik aus allen Ländern bringt!

Die „Allgemeine Sport-Zeitung" wird an fast allen europäischen Höfen, ferner vom hohen Adel, von Sportleuten aller Art, von Militärs, Sport-Klubs und -Vereinen, Gutsbesitzern, Großindustriellen, Forst- und Landwirten etc. etc. gelesen und ist anerkannt als gewissenhaftes und verläßliches Fachblatt. Sie liegt sowohl in Österreich als auch in Deutschland in allen größeren Cafés auf.

═══════ Preis: ═══════

Für Österreich Ungarn . 40 Kronen jährlich
Für Deutschland . . . 36 Mark jährlich

Adresse: **Wien, I. „St. Annahof"**

Spamersche Buchdruckerei in Leipzig

Fahr- und Reit-Sport

Pferd und Fahrer oder: **Die Fahrkunde in ihrem ganzen Umfange,** mit besonderer

Berücksichtigung von Geschirr, Wagen und Schlitten. Nach rationeller, rasch und sicher zum Ziele führender Methode erläutert vom Stallmeister **Theodor Heinze.** Zweite Auflage. Mit 180 Text-Abbildungen und Titelbild. Geheftet M. **8.**—, fein gebunden M. **10.**—.

Pferd und Reiter oder: **Die Reitkunst in ihrem ganzen Umfange.** Nach rationeller,

allein auf die Natur des Menschen sowie des Pferdes gegründeter, rasch und sicher zum Ziele führender Methode erläutert vom Stallmeister **Theodor Heinze.** Sechste, stark vermehrte Auflage. Mit 156 Text-Abbildungen und Titelbild. Geheftet M. **8.**—, fein gebunden M. **10.**—.

Erfahrungen eines alten Reiters.

Ratschläge für Pferdebesitzer und angehende Reiter, Reitenlernen ohne Lehrer; Behandlung junger, bösartiger, verrittener Pferde, sowie das Zureiten u. Einfahren derselben u. Fohlenzucht. Von **A. Graf v. Keller,** königl. preuss. Premierleutnant in der Landwehr-Kavallerie. Mit 17 Abbildungen. Geheftet M. **3.**—, fein gebunden M. **4.**—.

Das Pferd des Infanterie-Offiziers.

Unterweisung über das Pferd im allgemeinen, sowie Fehler, Krankheiten und Untugenden, über Ankauf, Stall, Pflege und über seinen Gebrauch. Von **L. von Heydebrand und der Lasa,** Major d. Kavallerie z. D. Mit 76 Text-Abbildungen. Geheftet M. **3.**—, fein gebunden M. **4.**—.

☞ Reitkunst für Damen! ☜

Die Amazone. **Einführung in das Gebiet der edlen Reitkunst für Damen.** Herausgegeben

von **L. von Heydebrand und der Lasa.** Mit 78 Text-Abbild. und Titelbild von Albert Richter. Geh. M. **4.50,** fein geb. M. **6.**—.

Verlag von Otto Spamer in Leipzig